マンガ

最高の戦略教科書

孫子

守屋淳 著
星野卓也 シナリオ
anco 作画

日本経済新聞出版社

はじめに

Introduction

『孫子』は、今から約二千五百年前という太古の昔に書かれたにもかかわらず、その愛読者のリストには、現代の驚くべきビッグネームが並ぶ兵法書です。

まず軍事でいえば、１９９０年からの湾岸戦争において、実質的に多国籍軍の指揮をとったノーマン・シュワルツコフ将軍。彼はその戦略を『孫子』から採ったと公言しています。

続いてビジネス。『孫子』は特にコンピュータ・ＩＴ業界で愛読者が多く、ビル・ゲイツ（マイクロソフト創業者）、孫正義（ソフトバンク創業者）の二人を筆頭に、ラリー・エリソン（オラクル創業者）、マーク・ベニオフ（セールスフォース・ドットコム会長）など普段から『孫子』好きを公言している人物がひきもきりません。

さらにスポーツ界。２００２年日韓共催のワールドカップサッカーで、ブラジルチームを率いて優勝させたサッカーのフェリペ・スコラーリ監督も『孫子』の愛読者として知られています。彼は２００２年の大会の時に、ブラジルの選手全員に『孫子』を手渡したという新聞記事が残っているのです。

このようにジャンルを問わず、現代の勝負師や名経営者を虜にする卓越した戦略を描き切っているのが『孫子』という古典なのです。

さて、筆者はいくつかの勉強会を持っていて、いろいろな方に『孫子』を教えてきました。そのなかで感じたのは、『孫子』を活用している多くの方が、

「人間関係から生じる問題」

に関してであることが、実はとても多いという事実なのです。パワハラ気味の上司に対して、働いてくれない部下に対して、嫌がらせをしてくる同僚に対して……。

そこで本書では、『孫子』の教えを、職場での人間関係の問題に当てはめつつ、わかりやすくコミック化しました。四つのストーリーで組みたてられていますが、大きくそれぞれ次の『孫子』の重要な教えを内包しています。

1章――「彼を知り、己を知れば百戦して殆うからず」、つまり情報の重要性。

2章——いかに相手をコントロールして主導権を握るのか。
3章——ライバルが多数いる中では、いかに自分が漁夫の利をさらい、さらわれないか。
4章——不敗、つまり負けないことの活用。

なお本書は、『最強の戦略教科書　孫子』に引き続いて、日本経済新聞出版社の白石賢さんに編集の労をとって頂きました。また、ストーリーに関しましては、友人で会計士の田中靖浩さんと、その主催する孫子女子会の参加者のみなさんからのご教授が反映されています。さらに、シナリオライターの星野卓也さん、漫画家のancoさんの卓越した技量により素晴らしい内容となりました。記して感謝と致します。

2019年4月2日

守屋淳

マンガ 最高の戦略教科書 孫子 目次

Chapter 3.

「部下」に負けない

Chapter 4.

「取引先」に負けない

主な登場人物

孫武七子《まごたけななこ》（32歳）

ネット企業『アミオ』の庶務特命課課長。
通称「孫子《そんこ》」

三笠正志（35歳）

『アミオ』社長。孫子の教えのもと、
創業5年で会社を急成長させる

Chapter 1

沢村栄子（32歳）
商品開発部
第二開発課係長

中川雄二（38歳）
沢村の上司。
パワハラの常習犯

Chapter 2

宮部美保（28歳）
広報部メディアプロ
モーション2課リーダー

浅田忠男（28歳）
宣伝部から異動
してきた宮部の同僚

Chapter 3

椎名奈美恵（39歳）
人事総務部長

渋谷耕造（42歳）
椎名の部下で課長。
アイドル好きのバツイチ

Chapter 4

出川史織（35歳）
システム開発部PM
（プロジェクト
マネージャー）

西島 昇（38歳）
取引先の八鉢物産
マーケティング部課長。
過去トラブルの多い
要注意顧客

本書は２０１４年１月に日本経済新聞出版社より刊行した『最高の戦略教科書 孫子』と、同年９月に刊行した『図解 最高の戦略教科書 孫子』をもとに、マンガ化し再編集したものです。

都内某ホテル
ＩＴベンチャー
支援プロジェクト
発表会
今日はＩＴベンチャー支援プロジェクトを立ち上げられた
ネット企業『アミオ』の三笠社長にお話を伺います
アミオ社長
三笠《みかさ》 正志《まさし》（35）
発表会
三笠社長は5年前に2人で起業して
今や東証一部上場社員数１万人個人資産総額１兆円と事業を拡大し成功されています
まだお若いのにこの成功の秘訣はズバリなんでしょう？

それはズバリ
人《ひと》ですね
人と申しますと…？
私が一番誇りに思っているのは
弊社が上場2000社のうちでもっとも離職率が少ない企業であることです
特にITベンチャーは優秀な技術者の引き抜きあいが当たり前
離職率は決して低くないのが常識ですが御社は何が違うんでしょうか？
A社
B社
C社
かつては企業同士の激しい競争を勝ち抜く男性的な力が重要でした
しかし

いまや ネットの発達により 情報の平等性が保たれ
女性が積極的に 社会進出している 時代です
弊社では 女性の力を何より 重視しています
そういえば
御社は 女性の管理職が 多いことでも 知られていますよね
商品・サービスを利用して その感想を率直に言語化して 対処・宣伝するのは
じつは女性のほうが ずっと能力があると わかっています
なるほど…
だから御社は 女性を大事に されているのですね
機械にできないことを 仕事にしていくと 当然人による問題が 起こってきます
しかし弊社はそれを 後回しにせずに
問題が起きれば 何を差し置いても 真っ先に対処しているんです

御社がたったの5年で業界のトップに輝いたのも
そういった人を大切にするという社長の姿勢
そして会社が生き残るための戦略があったからなのですね
じつはそんなの紀元前500年頃から言われていることなんです
えっ？
『孫子の兵法』
私はその教えにそっているに過ぎません
『孫子の兵法』自体ご存知の方も多いと思うんですが……
ええ
Amio
Lead your technology.
私はたまたま良い師匠に巡り合えたんです

Amio CAFE
Dish&Coffee
ガヤ
ガヤ
調理室
A定お願いしまーす
スープまだある－？
ぐつ
ぐつ
ズ…
パアァ
おいしいっ！
わたし天才！
孫武《まごたけ》 七子《ななこ》(32)
通称：孫子《そんこ》
一見ただの社員食堂のおばちゃんのように見えるこの女性

節水
時間だから私もう失礼するわ
仕込みはもう終わってるから夜もこのとおりにお願いね
お疲れさまでした〜
はーい
調理室
バタン
ス…
果たして彼女がもし
社員1万人を抱えるこの会社の根幹を支えているのだとしたら——
——起業した翌年

社員は20人になり業績はすこぶる良好でしたが辞める人が続出しました
社内外の人間関係が無茶苦茶だったのです
私は八方手を尽くしましたが解決策が見つからず…
そんな時に出会ったのが私の師匠でした
『孫子の兵法』自体は知っていましたがまさか人間関係に活用できるなんて…
4年前──
トン
トン
あなたどこを読んでるのよ？
えっ？
孫子
これを社内外の人間関係に置き換えて読めば大抵の問題は解決できるでしょ
！

そんな読み方があったのか…！
まあ あなたには慣れない読み方かもね
……
…僕にはまだ『孫子』を使いこなす自信がないな…
孫子
孫子
孫子
七子さん
うちの会社を成長させるために手伝ってもらえないかな
ふ…
いいわ 手伝ってあげる
ただし
あなたの会社で私の夢も叶えさせてちょうだい
夢…？

私
管理栄養士の資格を持っていてね…
ニコッ
ばーん
特命課営業中！

ギイ…
いらっしゃい
どん
お困りのことは何？
庶務特命課　課長
孫武　七子

マンガ
最高の戦略教科書
孫子

Chapter 1.

「上司」に負けない

すべての戦略は情報に行き着く

Amio
喫煙室
Smoking Room
得意先が解約するなんてオマエの対応が悪いからだ！
先方にも事情があるようで…
だいたいオマエはいつもそうじゃないか！
商品開発部
第二開発課 課長
中川《なかがわ》 雄二《ゆうじ》(38)
中川課長またやってるよ…
部下を怒鳴りつけてストレス発散するのやめてほしいよな
商品開発部

ドサッ
カタカタ
はあ…
カタカタ…
商品開発部
第二開発課 係長
沢村《さわむら》 栄子《えいこ》(32)
来週のプレゼン今日に変更になったんだってね
ひょい
課長がね「来週は黒岩常務が海外視察で出席できないから」って…
常務が年に何回会議に出てくるってのよ
まったく…
中川課長の決定には逆らえません…
ずらっ
会議室A
……
商品開発部部長
マーケティング部部長
広報部部長
広報部副部長
あ
あの…

新サービス企画
子育てママさん支援
ミュニケーションツール
黒岩常務はまだ…
いいから進めろ
こちらの企画を進めるにあたり行った独自調査によりますと
ママ側の両親のアシストによって子育てが随分ラクになるというアンケート結果が出ています
そこでママとその両親との通信を随時可能にして楽しみながら子育てに協力してもらうというコミュニケーションツール開発を提案いたします
コホン
はは　はい…
面白そうな企画ね
これはいけるんじゃないか
!
では　さっそく…
皆さんに好意的に受け入れていただき私もアドバイスをした甲斐があります
スッ
しかしこの企画には重大な問題点があります
!?

子育てママさんが実の両親と本当に良好な関係を保っているのか
そのあたりのリサーチがまだ不充分だということです
確かマーケの斉藤さんは実際に自分の両親に子育てを手伝ってもらってるんじゃなかったかな
斉藤副部長は今日お子さんの定期健診でお休みを取っています
そうか直接話を聞けたらよかったのだが…
じゃあこの案件は保留にしてもう少しリサーチをしてみるか
えっ！
いや待ってください！
私も今回は見送りが懸命だと思います
!!
では見送りということで
次のプレゼンは――…

商品開発部
なんであんな中途半端な資料でプレゼンしたんだ？
それは…
「ただやりたいです」だけじゃ企画は通らんぞ
新規企画もいいが俺の頼んでいた報告書はどうした？
そ…
それはこのプレゼンのあとでいいと以前課長が…！
そんなことは言っていない!!

デキない奴は
目の前にあることを
もっと堅実にやらないと
ダメなんじゃないか!?
なぁ 沢村!
ギリッ…
……はい……
栄子
大丈夫?
女子更衣室
あの人
部下が成功するのが
イヤなんだよね…
………

わたし くやしい…っ
……
これ
ガサ
他部署の子から回ってきたんだけど…
職場の人間関係に困ったら
特命課へ
月～金　PM5:00よりOPEN!
場所：Amioビル最上階
※秘密厳守
行ってみたら？
少しは気が楽になるかもよ
……
特命課営業中!

……
こういうことがしょっちゅうで…
……
典型的なパワハラね…
デキない上司の嫉妬ってやつ
なにか解決策はありますか？
もちろん！
ドン！
孫子
その答えはココに書いてあるわ
！
孫子

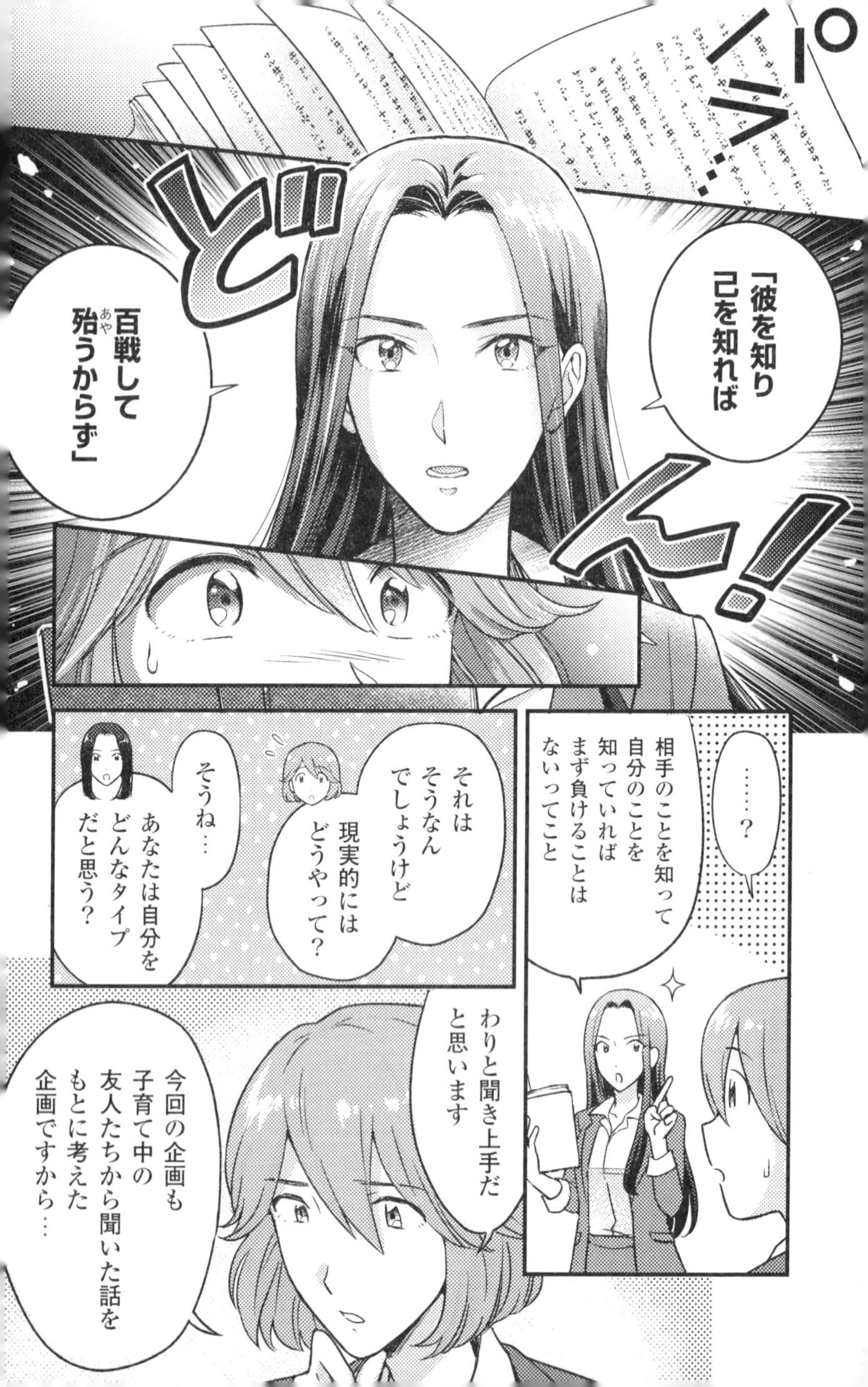

どん！
「彼を知り己を知れば
百戦して殆《あや》うからず」
……？
相手のことを知って自分のことを知っていればまず負けることはないってこと
それはそうなんでしょうけど
現実的にはどうやって？
そうね…
あなたは自分をどんなタイプだと思う？
わりと聞き上手だと思います
今回の企画も子育て中の友人たちから聞いた話をもとに考えた企画ですから…

いいわね
聞き上手という「己」はもう知ってるじゃない
すっ
どうやって…？
あとは「彼」のことを知りましょう
ぱちっ
知った己を活用していくのよ
……？
翌日
Amio
栄子!?
どうしたの？いつもと雰囲気違うじゃない！
へへへ
ちょっとね…
「これには実は前段階の一説があるの」

七子の指示 その1
「故に勝を知るに五あり
以って戦うべきと戦うべからざるとを知る者は勝つ
BASEMAKE
衆寡《しゅうか》の用を識《し》る者は勝つ
上下《しょうか》欲を同じくする者は勝つ
虞《ぐ》を以って不虞《ふぐ》を待つ者は勝つ
将能《のう》にして君御《ぎょ》せざる者は勝つ
この五者は勝を知るの道なり」
そしてそこには
郷間《きょうかん》 内間《ないかん》
反間《はんかん》 死間《しかん》 生間《せいかん》
5種類のスパイによる情報戦が必要だと
まず彼を昔からよく知る人――
例えば同期入社の人や大学時代の同級生（郷間）から彼の人となりを明らかにする
こそばゆい……
だからって私がこんなに化粧されなくても…
そこで最初のターゲットは
中川と同期入社で営業部部長の荒木圭介

彼は接待攻勢を得意とする手法で常にダントツの営業成績
しかし彼もまた部下を管理できない一匹狼
だからこそ本当は孤独を感じているかもしれない
そんな彼の心を開き寝返らせるには
〝慕ってくれる若い後輩〟が有効なのよ
あ でも私32歳ですよ…
大丈夫！
スッ
社会人2年目といっても充分通るわ！
営業部
荒木部長 他部署の方がお見えです
ええ？
なんだよこのクソ忙しい時にっ！
営業部 部長
荒木《あらき》 圭介《けいすけ》（38）
ん？
俺から仕事の話を聞きたいって？

会議室B
わかりました
そうやって独自の営業スタイルを確立されたのですね
とても勉強になりました
ペこ
へへ…
オレでよければ何でも訊いてくれ
職場の人間関係の相談にだってのれるぜ
きた…!
実は…その…
上司との関係にも悩んでいまして
あれ
キミの上司って中川だろ?
アイツを悪く言うつもりはないけど
昔からオレたちは部下を管理できないタイプだなってよく話してたよ
自覚していたんですね
録音中
ああ

どうせできないなら
オレは営業でナンバーワンのプレイヤーになってやるって今があるけど
アイツはそういう強引さがないからね
いま課長です…
良い上司か？
……
なわけねえよな
アイツはオレよりも部下のことなんて考えてない〝自分星人〟なんだから
マネジメント力皆無でこの会社で満足な実力も出せないんだったら
辞めて独りでやるしかないだろって言ったら「それは絶対に無理だ」って怯えてたよ
お忙しいところいろいろありがとうございました
ペこ
ああ オレでよかったらいつでも言ってくれ
ふぅ…
七子の指示 その2

次に
あなたと同じような被害を受けた人から話を聞くこと
内間
反間
SWEET DISH
――というわけで
みなさんの体験談も聞かせてくれますか?
平日限定
スイーツビュッフェ
14:00～17:00
私は部署のみんなの前で激しく叱責されました
とっても怖くて…
もうこんな上司のもとでは働けないなあと…
元 商品開発部
女子社員A
私もー!
それも決まって自分の上司のいないとこでよ
私もアイツがイヤだから異動願い出したの
元 商品開発部
女子社員B
商品開発部
女子社員C
事前のチェックでは問題ないって言ってたのに
お客様の前で大声で間違いを指摘されました
あるある!
自分の失敗も部下になすり付けるんだよね
自分よりデキそうな部下は徹底的にツブす…
ダ
そんなことは言ってない!!
そうそう!
マネジメント力ゼロ～～!

それでは…
皆さん具体的に被害を受けた日とその時のシチュエーションと 現場にいた人たちを教えてくれますか？
▶録音中
特命課
教えていただいたとおり証拠をまとめました
いいわね… さすが聞き上手
アプローチは2つあるわ
もしあなたが中川にとどめを刺したいんだったらこれを中川の上司に出す
これをどうしましょう？
もうひとつは？
性善説に則って中川が改心することを期待するんだったら…
会議室
なんだよ改まって呼び出して――

デスクではできない話か？
私はみんなの前でもいいんですけど…
バサッ
証言音声データ
!?
中川課長と同期の営業部・荒木部長から話を聞きました
よく話していたそうですね「オレたちは部下を管理できないタイプだ」って
ピッ
▶再生
アイツはオレよりも部下のことなんて考えてない〝自分星人〟なんだから

だから何だって言うんだ！
アナタと仕事をするのがツラくて退職や転籍したアナタの元部下からも話を聞きました
スッ
そんなのただの上司の悪口に過ぎないだろ…
ここに
日付とそこにいた人間シチュエーションその時のあなたの言動がすべて書いてあります
複数の人に聞いて裏は取ってあります
なんだ!? お オレをどうしたいんだ!?
私の件もそうだったんですよね…
えっ？
黒岩常務の海外視察は体《てい》のいい言い訳で
本当は私の企画の実用性を評価してくれそうな斎藤副部長がいない日に前倒しでプレゼンさせて
しかしこの企画には重大な問題点があります
!?
黒岩常務はまだ…
いいから進める
そろってないリサーチ結果を突いて企画をつぶす
そして報告書の作成業務を後回しにしたことを責める

――…ッ
つまり私をダメ社員として叱責し自分の力を誇示しようと小細工したんですよね
ぐっ…
…したよ…
ああしたさ
自分の無能さを部下に当たったりデキる部下をつぶしたいと思ったことだってある…!
はははははは
でもこうやって並べていくとオレはとんでもない上司だな!
こんな男は部長に告げ口して早くクビにしたほうがいい
そうだろ!?
――…

私は課長が自分のしたことを認めて改心してくださるのなら
部長に話すつもりはありません
ドサッ
な
なぜ…
会社の仕事はチームプレイです
間違った行動を起こしたチームメイトがいたとしても改心して一丸となれるなら
そのほうが強いチームになれるし良い結果も出せると信じています
……！

…オレは良い部下を持ったな…
これからもよろしくお願いします
——そう
よかったわね
あなたのそういう心がけは会社にとってとても重要なことよ
また何かあったらいつでも相談に来なさい
新サービス企
子育てママさん
ュニケーションツ

子育てママさん支援
ーションツール
働くママさんをよく観察している沢村係長の渾身の企画です
第二開発課で一丸となって取り組みます
ぜひ開発に着手させてください
パチ
パチ
パチ
パチ
ミュニケーションツー

Chapter 1

解説1

すべての戦略は情報に行き着く

諜報の重要さ

彼を知り、己を知るならば、
絶対に敗れる気づかいはない

彼を知り、己を知れば、百戦して殆《あや》うからず

【謀攻篇】

「彼を知り、己を知れば」という一節は『孫子』のなかでも最もよく知られたものに他なりません。つまり、次頁図のような条件のうえで、自分とライバルを熟知しておけば、戦いには最悪でも負けないでいられるというわけです。

このうち、ライバルの方を知るための手段として『孫子』が重視していたのが、スパイを使った敵情の収集でした。この成果いかんによっては、戦いの帰趨も決まってしまうような重要事。ですから、こう指摘します。

・明君賢将が、戦えば必ず敵を破ってはなばなしい成功をおさめるのは、相手に先んじて敵情をさぐり出すからである（明君賢将の動きて人に勝ち、成功、衆に出《い》づる所以《ゆえん》のものは、先知《せんち》なり）用間篇

・戦争は数年も続くが、最後の勝利はたった一日で決するのである。それなのに、爵《しゃく》禄《ろく》や金銭を出し惜しんで、敵側の情報収集を怠るのは、バカげた話だ（相守ること数年、以って一日の勝を争う。而《しか》るに爵禄百金を愛《お》しみて敵の情を知らざる者は、不仁《じん》の至りなり）用間篇

ひらたくいえば、「情報こそ戦略のキモ」ということなのです。

「彼を知り、己を知れば」の前提、ないしは内実として描かれている五条件（謀攻篇）

あらかじめ勝利の目算を立てるには、次の五条件をあてはめてみればよい。

一、彼我の戦力を検討したうえで、
　戦うべきか否かの判断ができる

二、兵力に応じた戦いができること

三、上下が心を一つに合わせていること

四、万全の態勢で、
　態勢が不十分な敵につけこむこと

五、将軍が有能であって、
　君主が将軍の指揮官に干渉しないこと

これが勝利を収めるための五条件である。したがって、次のように結論を導くことができる。

ライバルを知り、己を知るならば、絶対に敗れる気づかいはない。己を知って、ライバルを知らなければ、勝敗の確率は五分五分である。ライバルを知らず、己も知らなければ、必ず敗れる。

（故に勝を知るに五あり。以って戦うべきと戦うべからざるとを知る者は勝つ。衆寡《しゅうか》の用を識《し》る者は勝つ。上下欲を同じくする者は勝つ。虞《ぐ》を以って不虞《ふぐ》を待つ者は勝つ。将能《のう》にして君御《ぎょ》せざる者は勝つ。この五者は勝を知るの道なり。故に曰く、彼を知り、己を知れば、百戦して殆うからず。彼を知らずして己を知れば、一勝一負す。彼を知らず己を知らざれば、戦うごとに必ず殆《あや》うし）

Chapter 1

解説2

スパイをどのように運用するか

五種類のスパイ

間者には五種類の間者がある。すなわち、郷間《きょうかん》、内間《ないかん》、反間《はんかん》、死間《しかん》、生間《せいかん》である

間を用うるに五あり。郷間あり、内間あり、反間あり、死間あり、生間あり【用間篇】

みなさんが、会社で社長に呼ばれ、「これは極秘任務だが、君にライバル社の新製品を探ってもらいたい。ある程度危険な行為も眼をつむる」と言われたとします。さてどんな手を打つでしょう。目の付けどころは、こうです。

「ライバル社にいる不満分子、ないし外にバレたくない弱みを持つ者を探す。重要な地位にいればいるほどＯＫ」

たとえば、派閥争いで閑職においやられた実力者とか、自分の待遇に不満を持っている社員、実は借金で首がまわらない社員を探し出して近づき、自社情報を漏洩させてしまうわけです。さらに、彼らから同じように社内の不満分子に声をかけさせて、スパイ網を作り上げていき、情報を吸い上げていく――。

『孫子』の考えたスパイの運用もまさに、このような形でした。しかし、古代において他国での不満分子というのは、どうやって探せばいいのでしょうか。そこで孫武が目を付けたのが、

・反間――敵の間者を手なづけて逆用する（反間とは、その敵の間に因《よ》りてこれを用うるなり）用間篇

というやり方でした。以後の展開は図にある通りです。

スパイの種類と活用法

種類

一、郷間——敵国の領民を使って情報を集める
（郷間とは、その郷人に因りてこれを用うるなり）

二、内間——敵国の役人を買収して情報を集める
（内間とは、その官人に因りてこれを用うるなり）

三、反間——敵の間者を手なづけて逆用する
（反間とは、その敵の間に因りてこれを用うるなり）

四、死間——死を覚悟のうえで敵国に潜入し、
ニセの情報を流す
（死間とは、誑事《きょうじ》を外になし、
吾が間をしてこれを知らしめて、敵に伝うるの間なり）

五、生間——敵国から生還して情報をもたらす
（生間とは、反り報ずるなり）

運用法

① 敵が送り込んできたスパイを「反間」とする

② 「反間」は敵情に通じているので、不満分子や寝返りそうな人物をスカウトし、「郷間」「内間」といったスパイ網を築かせて情報を吸い上げる

③ 集まった情報を、自国から「生間」が往復して吸い上げ、報告する

④ 「死間」は敵にニセ情報をバラまいて攪乱する。捕まって処刑される危険性が高いので、それを言い含めて敵地に送り込む

解説3

情報の持つ厄介な性質

諜報の血の掟と、その限界

間者を使う側は、すぐれた知恵と人格とをそなえた人物でなければ、十分に使いこなせせない

聖智《せいち》にあらざれば間《かん》を用うること能わず、
仁義にあらざれば間を使うこと能わず　【用間篇】

情報には困った性質がいくつかあります。その筆頭が、目の前に出された情報が本物かニセモノか、にわかに判断がつきにくいこと。

現代でもネットでウソの情報が大きく広がってしまうことがありますが、巧妙なニセモノだと、どうしても騙されてしまったりするんですね……。

さらに、形がないものなので、簡単に持ち出せて、他に漏らせるという性質もあります。もちろん極秘情報を簡単に持ち出されてはマズイので、この点はいわゆる血の掟が適用されます。

・間者が極秘事項を外にもらした場合は、もらした間者はもちろん、情報の提供を受けた者も殺してしまわなければならない（間事いまだ発せずして先ず聞こゆれば、間と告ぐる所の者とは、皆死す）用間篇

一方、情報の真偽の方は、古来難問中の難問でした。実は、この点では『孫子』も匙を投げていて、「聖智」——つまり常人離れした智の持ち主ではないと扱えない、と書いているのです。この点だけは、理詰めで戦略を積み上げてきた『孫子』の特異点とでもいうべき記述になっています。ここでは特に「情報をもたらす人物の見抜き方」について、ヒントを別図にあげておきます。

腹心が信用できるか否かを見抜くための古代の知恵

三国志の諸葛孔明のものといわれる人物鑑定法 『諸葛亮集』将苑

①ある事柄について善悪の判断を求め、
相手の志がどこにあるのかを観察する

②言葉でやりこめてみて、相手の態度がどう変化するかを観察する

③計略について意見をもとめ、
どの程度の見識を持っているのかを観察する

④困難な事態に対処させてみて、相手の勇気を観察する

⑤酒に酔わせてみて、その本性を観察する

⑥利益で誘ってみて、どの程度清廉であるかを観察する

⑦仕事をやらせてみて、
命じた通りやりとげるかによって信頼度を観察する

インド古代の大臣が信用できるか否かを見抜く法 『実利論』岩波書店

①法(正義)による試験

→王が無理な命令を出すことによって、宮廷の僧侶と仲違いしたような振りをする。僧侶は秘密工作員を使って大臣たちに、「正義のない王を追い落とせ」と扇動させる。拒絶したらその大臣は信用できる

②実利による試験

→将軍を罷免したように見せかける。将軍は秘密工作員を使って、財物で誘って「一緒に王を滅ぼそう」と扇動する。拒絶したらその大臣は信用できる

③享楽による試験

→宮廷の遊女に「王妃様があなたを愛していて、密会したいといっている」と誘わせる。拒絶したらその大臣は信用できる

④恐怖による試験

→大臣たちに無実の罪を着せて投獄する。一緒に牢屋にいる学生に「悪い王を倒そう」と扇動させる。拒絶したらその大臣は信用できる

column 1

『孫子』の著者について①

まず歴史書の『史記』に残されている孫武の伝記をご紹介しましょう——

孫武は斉《せい》の国の出身である。兵法に通じていたので、呉王闔閭《こうりょ》に召された。闔閭は孫武に「そなたの著した兵法書十三篇はすべて読んだ。ついては、試しにひとつ宮中の美女たちを使って兵の訓練をして見せてはくれないか」とたずねた。

孫武が承知したので、宮中の美女百八十人をかりだして練兵することになった。孫武はまず隊を二つに分け、王の寵姫《ちょうき》二人をそれぞれの隊長に任命する。そして全員に矛を持たせ、「どうだお前たち、自分の胸、左手、右手、背中がわかるか」と言った。美女たちが「はーい」と返事するので、

「では、前と言ったら胸を見るのだぞ。同じく左といったら左手、右と言ったら右手。後といったら後を見るのだ。よいか」

号令を女たちに伝えると、孫武は、刑罰に使うマサカリを持ちだした。そして号令が全員に行き渡るよう再三説明を繰り返した。ところが、いざ太鼓を鳴らして、「右」と言うと、女たちはケラケラ笑い崩れてしまう。孫武は、

「号令が理解しにくかったのかもしれない。これは、わたしが悪かった」

と言うと、前と同じ号令の説明を何度も繰り返した。ところが、ふたたび太鼓を鳴らして、「左」と命じても、またもや女たちはケラケラと笑い崩れてしまう。孫武は、

「さきほどはわたしの落度であったが、今は違う。全員が号令をよく理解してい

るはずだ。号令通りに動かないのは隊長の責任である」
と言って、手にしたマサカリで二人の隊長を斬り捨てようとする。呉王は宮殿のテラスから観覧していたが、寵姫が斬られそうになるのを見てあわてて伝令をとばした。
「そなたのすぐれた訓練ぶりはすでに見た。その二人の女がいなくては、わしは食事もノドを通らない。どうか斬らないではもらえまいか」
しかし孫武は、「この部隊の将はわたしです。将が軍にあるときは、君命たりともお受けできないことがあります」と言って二人の隊長を斬った。そして、寵姫に次ぐ美人二人を後任の隊長に命ずる。引き続き太鼓を叩いて号令をくだすと、今度は左、右、前、後と号令通りに一糸乱れぬ動きだ。孫武は王に伝令を出して報告した。
「訓練はすでに完了しました。よろしければ、こちらに来てお試しください。王が命令されれば、兵は火の中、水の中でも飛び込みます」
「いや、それには及ばない。そなたは宿舎に戻ってどうか休まれよ」
「どうやら王は兵法の理論はお得意ですが、実際の活用は苦手なようですな」
こうして闔閭は孫武が用兵に優れていることを知り、彼を将軍にとりたてた。
その後、呉は孫武の力もあって、西は楚《そ》を破って郢《えい》を攻略し、北は斉、晋《しん》を脅かした——

マンガ
最高の戦略教科書
孫子

Chapter 2.

「同僚」に負けない

人や組織は利害で操れる

Amio
おい宮部！
昨日ローンチしたコミュニティシステムのメディア向けリリース出てないぞ！
どうなってる？
Amio.co
Amio
(株)Amio
子育て支援サービス
ママのパパ・ママでいいじゃない！
広報部
メディアプロモーション2課
宮部《みやべ》 美保《みほ》（28）
メディア向けのリリースは浅田くんの担当ですから
――ったく！
はぁ…
広報部
メディア
プロモーション2課課長
村木《むらき》 功一《こういち》（36）
どこ行ったんだアイツは…

休憩室
Break Room
確かに宮部はSNS担当で何かと目立つよ
フォロワーも10万人超えたらしいですね
そんなのたまたまだろ
俺とアイツ同期なんだぜ
なんでアイツがリーダーで俺はその下なんだよ
広報部
メディア
プロモーション2課
浅田《あさだ》 忠男《ただお》(28)
発想力では俺の方が上なのに…
は～～
浅田?
どうした?シケた顔して
水越さん!
宣伝部
浅田の元上司
水越《みずこし》 賢人《けんと》(32)

お疲れ様です！休憩ですか？
宣伝部《うち》から異動してどうしてるかと思ったけど元気そうだな
ちょっとな
またそのうちゆっくり飲みにでも行こう
はい！
カッコイイっすね〜宣伝部の水越さん
宣伝部時代の憧れの先輩だぜ…
な〜…
宣伝部《あのころ》はよかったなぁ
水越さんの丁寧な指導と夜は六本木で宴会ざんまい…
ちょっと浅田くん
ちゃんと仕事してよ
それが今じゃ…
はは
じゃあもういっそ転職でもします？
それもめんどくせー

はぁ…
仕事
つまんねーなぁ…
広報部
つ～っ…
浅田くん
びくっ!!
メディア向け
リリース
出てないってよ
!!
SNSの方は
出てんじゃん
なんだ宮部かよ…
アタシはちゃんと
やってますからね
ついでに俺の分も
出しといてくれりゃ
よかったのに
!
きちんと担当分け
してあるでしょ!?
共有フォルダーにある
フォーマットを
ちょちょいといじれば
できちゃうじゃん?

なら自分でやってよ！
俺 文書作成って苦手なんだよね～接待専門だから♪
――ッ
そんなんだから経費使いすぎて宣伝部からお払い箱になったんでしょ!?
サボりを正当化しないでよ！
――…
…さすがリーダー様
偉そうだな
ガタッ
仕事は得意なヤツがやればいいの
そんなわけでヨロシクー
！
ちょ…浅田く…！
宮部ー
リーダーなんだからメンバーのこともちゃんと管理しろよ

……ッ……
…はい…
はあ
特命課
営業中!
同僚が全然仕事しなくてあなたに仕事を押し付けてくる
そして上司にはまるで自分がやったかのように振る舞う…
そういうことね?
はい…
最終的にはリーダーである私の責任だとは思うんですけど…
自分で仕事した方が早いし…
でもメンバーを動かしてこそのリーダーよね?
そうなんですけど…
それが難しいんですよね

浅田君は一緒に新人研修を受けてた頃から発想が豊かだなって思っていて
それを広報部でも発揮してもらいたいと思ってるんですよ
でも同期の私に指示されるのが気に入らないみたいで…
彼の企画力が加わればうちの課ももっと活性化すると思うんですが――…
要は彼を協力的にすればいいわけね
大丈夫!
その解決策はココに書いてあるわ
ばん!!
孫子
!
パラ…
考えられる策は3つ…

よく敵人《てきじん》をして自ら至らしむるはこれを利すればなり よく敵人をして至るを得ざらしむるはこれを害すればなり
敵に行動させたければその方が利益になると思わせること その逆に行動すれば不利益になると思わせれば敵は思いとどまるわ
つまり第一の策は 相手を利害で動かすことよ
利害…
浅田君に直接的な利益があると感じさせるってことか…
そして2つ目
先《ま》ずその愛する所を奪わば則ち聴《き》かん

敵のもっとも重視している所を奪取すること
そうすれば思いのままに敵を振り回すことができる
簡単に言うと
急所を攻めるということね
急所かぁ…
そして3つ目――
う〜ん…
それ呉人《ごひと》と越人《えつひと》と相悪《にく》むも その舟を同じくして済《わた》り 風に遇《あ》うに当たりては その相救うや左右の手のごとし
敵同士の呉と越の人間がたまたま乗り合わせたとしても
暴風にあって船が危ないとなれば一致協力して助け合うはず――という意味よ
孫子
呉越同舟《ごえつどうしゅう》

ということは…
外的な危機が襲ってくれば協力せざるを得ないということですね！
そのとおり
もしひとりでの実践が難しいなら第三者に協力を求めるのもいいかもしれないわね――
翌日
Amio
直接的な利益 急所をつく 外的な危機…
具体的にはどうしたら…
ん？
ざわざわ
社内掲示板
社内 企画コンテスト
各部門の特色を活かした
新サービス企画をチーム単位で募集！
採用チームには、使い道不問の
500万円の企画推進費を提供！！
くさんのエントリーお待ちしています！
募集期間：○月○日～×月×日
くわしくは総務課まで
!

これだ！
宣伝部
ミーティングルーム
Meeting Room
水越さん 急に押しかけて すみません…
かまわないよ どうしたの？
浅田くんのこと なんですけど…
宣伝部時代は 水越さんを慕って 一緒に行動してた そうですね
ああ
と言っても 得意先との飲み会に 連れまわしてた だけだけどね
あいつ この会社しか 知らないから 社会勉強に
実は…
そんな水越さんを 見込んでお願いが あるんです！
ぱんっ!!
？
会議室C
そうか…
浅田がちゃんと 仕事をしない…か

まぁ薄々
気付いてはいたが…
同期のお前に嫉妬してすねている部分もあるのかもしれないな
リーダーとして解決策はあるのか?
はい
ただ私が直接言っても聞いてくれないので…
課長もいっしょに一芝居ご協力いただけませんか?
ス…
社内 企画コン
!
それは…!
これで直接的な利益と外的な危機は揃うはず――!
翌日
広報部
おはざーっす
社内 企画コンテスト
なんだこれ?
うちの課で新サービスの企画を出して500万円の企画推進費をもらおうってことみたいです
ひとのパソコンに…
ふーん
ま、俺には関係ないか

ザッ
浅田…
!
課長
どうしたんスか…
現在
我がメディア
プロモーション
2課は存在感を
示しきれていない
必要性に疑問を
持たれている
ようなんだ…
ノリノリ…
?
はあ
つまり
この課の存続が
危ういってことだ
どん
えっ!?
ぼそっ
2課が
なくなるかも
しれないって
噂があるの
異動…
出向…
人員整理…
そ
そんなの
困りますよ!
新しいとこで
またイチから
なんて…!

新しい受け入れ先があれば…の話だがな
!!
とにかくこのコンテストで社内を驚かせる企画を出して
我がメディアプロモーション2課の重要性を知らしめたいんだ
募集期間：〇月〇日～×月×日
くわしくは総務課まで
そんなの宮部リーダーに任せればいいじゃないですか！
浅田くん
宣伝部の水越さんに聞いたわ 浅田くんは企画力抜群のアイディアマンだって！
だから活躍の場を与えてほしいってわざわざ水越さんが話しに来てくれたの
水越さんが…！
ちなみに500万円の企画推進費は「使い道不問」
優勝の暁にはお前の裁量で自由に使ってくれていいぞ
えぇっ
マジっすか！

お前のアイディアが2課を救うかもしれない――
お前が中心になってまとめてくれないか？
…仕方ありませんね
今こそ俺の才能を社内に知らしめてやりますよ！
おー!!
資料室
Reference Room
ガチャ
SNS
ユーザー
アプリ
広報
×
英会話
六本木
丸の内
ビジネス
飲み
外資系企業
広報を英会話とつなげるような新サービスを考えてるの？

ああ
いまはグローバルの時代だろ
夜の六本木なんて英語が飛び交ってたよ
それは昼間の丸の内だって同じ
でもみんな忙しくてなかなか覚えられないって言うし
だったらうちのリリースを見るだけで英会話がラクに身につく方法はないかなって
面白いわね
さすがアイディアマン！
ふふん
まあな
2課がなくなったら俺の居場所もなくなりそうだし…
課長と水越さんにもいいとこ見せなきゃな
―…
ガタッ
わたしも協力する！
おう
たのむわ
社内

社内掲示板
一か月後——
社内企画コンテスト
結果発表!!
優勝
マーケティング部
2位
広報部
メディアプロモーション２課
3位
販売促進部
たくさんのご応募ありがとうございました！
そっかぁ…
結局大賞は獲れなかったのね
でも浅田くんにはいいきっかけになったみたいです
自分の実力を前の部署の先輩もそして今の部署の上司もわかってくれている
それを実感できたことが大きかったんだと思います

最近は自分の仕事も責任持ってやってくれるし
私の仕事だって手伝ってくれたりするんですよ
宮部ー！
ガしっ
優勝は逃したけど今日はみんなで打ち上げいくぞ！
浅田くんのおごり？
ジャーン!!
二位の副賞お食事券!!
おー！
500万獲ったらガッツリ課に還元しようと思ってたんだけどなー
残念残念
あ 浅田くん
実はひとつ謝りたいことが…
2課がなくなるって話なんだけど… あれ実は
ああ
知ってるよ ウソなんだろ？
水越さんが教えてくれた
え!?
企画に俺のこと推薦したのも宮部なんだってな
えええええー!?

「安心したよ
広報部《そっち》でもちゃんと
お前の良いところ
見てくれてるやつが
いるんだな」
そんな〜〜水越さん…!!
……
話合わせてくれるハズじゃあ…
──宮部
ありがとな
いろいろ…
俺も頑張るわ
お前に負けねえよーに

よーし!!
今日はじゃんじゃん飲むわよー!
おー!!
ほどほどにしとけよー
えー
浅田くんのおごりでしょ
ははは
ペこっ
良い組織を成すにはまず温情をかけるべし
彼もやっとチームの一員になれたようね

解説1

人や組織は利害で操れる

利害と主導権

敵に作戦行動を起こさせるためには、
そうすれば利益になると思い込ませなければならない。
逆に、敵に作戦行動を思いとどまらせるためには、
そうすれば不利益になると思い込ませることだ

よく敵人《てきじん》をして自ら至らしむるは、これを利すればなり。
よく敵人をして至るを得ざらしむるは、
これを害すればなり
【虚実篇】

戦いでは、主導権を握った方が、圧倒的に有利に立てます。

主導権とは、一言でいえば、

「こちらは相手を意のままに操れるが、相手からは操られない力」のこと。

サッカーでいえば、ボールを支配して、相手を意のままに動かしている状態。

ではどうしたら主導権は握れるのか。『孫子』が考えたのは、利と害とを、いわば操縦桿のようにして相手をコントロールしてしまうことでした。利と害とは、具体的にいえば、次のようになります。

・利——これは欲しい、確保しておきたいと敵が思う対象。警備の手薄な食糧や装備の集積地、守りの手薄な要害や都市、交通の要衝など

・害——これは避けたい、近づきたくないと敵が思う対象。守りの堅い要害や都市、条件の悪い地形

いわばアメとムチで相手を意のままに動かし、「こちらは有利、敵は不利」という状態に持っていくわけです。

「利」と「害」で相手を操る

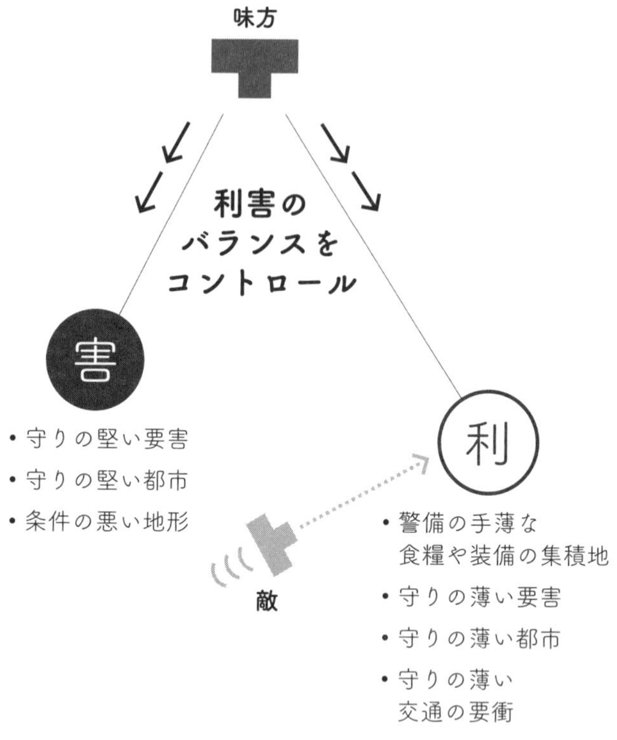
味方
利害の
バランスを
コントロール
害
・守りの堅い要害
・守りの堅い都市
・条件の悪い地形
敵
利
・警備の手薄な
食糧や装備の集積地
・守りの薄い要害
・守りの薄い都市
・守りの薄い
交通の要衝

解説2

急所をつかれたら、相手はジッとしていられない

急所をつく

敵の最も重視している所を奪取することだ。そうすれば、思いのままに敵を振り回すことができる

先《ま》ずその愛する所を奪わば、則ち聴《き》かん

【九地篇】

『孫子』は敵を意のままにコントロールするためには「利」と「害」、つまり「アメ」と「ムチ」を使ってライバルを動かせばいいと考えました。

実は、さらにもう一つ敵をコントロールするための有力な手段があります。それが、「急所」なのです。剣呑な比喩を使えば、ヤクザが相手を脅すのに「家族」や「幼い子供」を持ち出すようなもの。誰しも触れられたくないポイントはあるわけです。軍事でいえば、「食料の集積場所」や「手薄になっている首都」などがそれに当たります。

歴史的にいえば、この「急所」を衝いて、勝利を収めたという典型例が、図に示した「囲魏救趙《いぎきゅうちょう》」の故事に他なりませんでした。

中国の戦国時代、魏が趙の首都・邯鄲《かんたん》を攻めたときに、趙は隣国の斉に救援を求めます。その責任者となった田忌《でんき》という将軍は、当然、邯鄲へ救援軍を向けようとしました。しかし、彼の軍師であった孫臏《そんぴん》は、

「逆に手薄になっている魏の都を衝くべきだ」

と進言、斉の救援軍はその策を実行します。魏軍は自国の首都を陥落させられてはかなわないと慌てて軍隊を引き揚げます。斉軍はその途上で待ち受け、散々に魏軍を打ち破ったのです。ちなみに、この戦いの軍師であった孫臏は、孫武の子孫にあたり、一時期『孫子』の著者と目されていました。

囲魏救趙と桂陵の戦い（前353年）

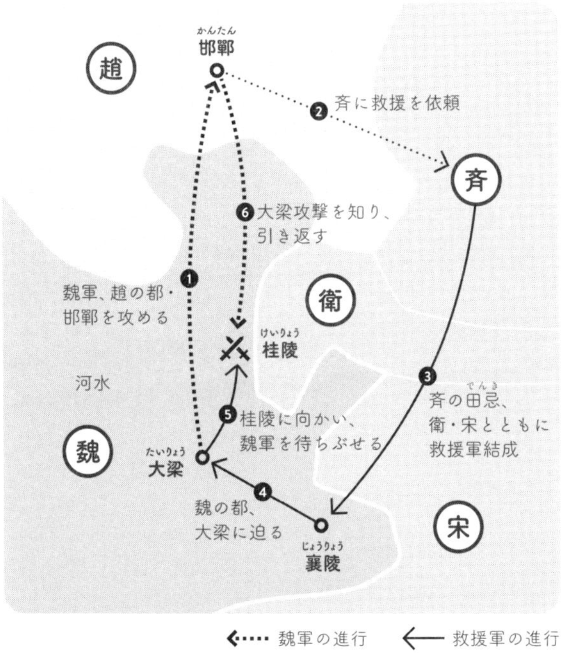

魏軍の邯鄲侵攻に対し、斉は衛・宋とともに救援軍を送ることとした。軍師の孫臏は、魏軍は精鋭部隊をすべて邯鄲へ投入しているため、自国の大梁には老弱な兵士しか残っていないと考えた。
そこで、救援軍の責任者である田忌に、守りの手薄な大梁を攻めれば、魏軍は邯鄲の包囲を解き、自国に引き返さざるを得なくなると進言。首都の大梁をつかれた魏軍は、慌てて邯鄲から急ぎ戻った。疲弊した魏軍を田忌らは桂陵で迎え撃ち大勝利を収めた。

解説3

呉越同舟

危機感の共有

呉と越とはもともと仇敵同士であるが、
たまたま両国の人間が同じ舟に乗り合わせ、
暴風にあって舟が危ないとなれば、
左右の手のように一致協力して助け合うはずだ

それ呉人《ごひと》と越人《えつひと》と相悪《にく》むも、
その舟を同じくして済《わた》り風に遇《あ》うに当たりては、
その相救うや左右の手のごとし
【九地篇】

『孫子』は、組織をまとめる基本は「部下からの心服と規律」だと考えました。さらに、それを強固にするために「危機感の共有」を活用しようとしたのです。

・兵士というものは、絶体絶命の窮地に立たされると、かえって恐怖を忘れる。逃げ道のない状態に追い込まれると、一致団結し、敵の領内深く入り込むと、結束を固め、どうしようもない事態になると、必死になって戦うものだ（兵士、甚《はなは》だ陥れば則《すなわ》ち懼《おそ》れず。往く所なかれば則ち固く、深く入れば則ち拘し、已むを得ざれば則ち闘う）九地篇

『孫子』はこれを有名な「呉越同舟」のたとえ話で示しました。たとえ敵同士であっても、きびしい危機に直面すれば、お互い一致団結して助け合うようになるわけです。こうした理想的な組織の姿をたとえたのが次の「常山《じょうざん》の蛇」です。

・戦上手とは「率然《そつぜん》」のようなものだ。「率然」とは常山の蛇のことだ。常山の蛇は、頭を打てば尾が襲いかかってくる。胴を打てば頭と尾が襲いかかってくる（善く兵を用うる者は、譬《たと》えば率然のごとし。率然とは常山の蛇なり。その首を撃てば則ち尾至り、その尾を撃てば則ち首至り、その中を撃てば則ちその首尾倶《とも》に至る）九地篇

常山の蛇

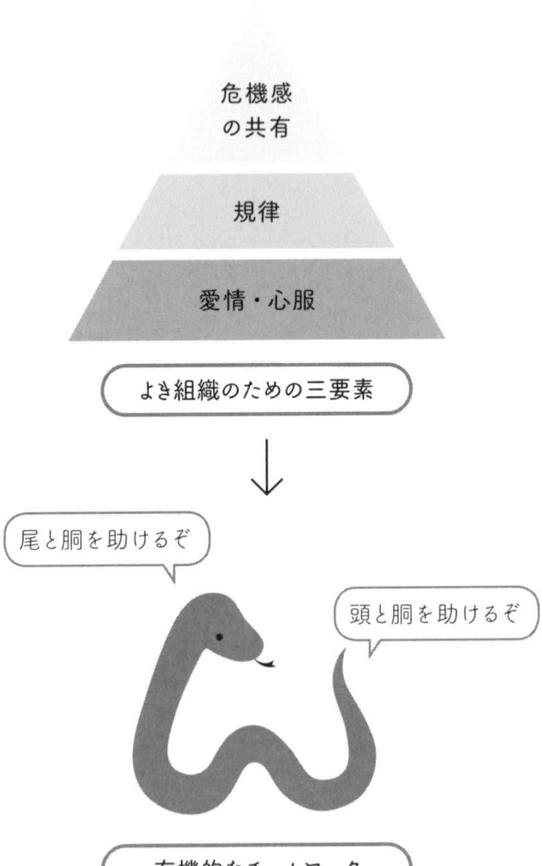

column 2

『孫子』の著者について②

コラム1でご紹介したように、『史記』の孫武の伝記には「そなたの著した兵法書十三篇はすべて読んだ」という記述があり、素直に読めばこれが現在に伝わる『孫子』、ないしはその原型ということになります。

ところがこの孫武、同じ時代を扱った『春秋左氏伝』などの歴史書にまったく登場しません。しかも『孫子』の記述のなかには、戦争の規模が比較的小さかった春秋時代よりも、より膨張した戦国時代に合う記述が散見されてもいました。

このため、

・孫武という将軍はそもそも架空の存在ではないか

・孫武が実在していたとしても、その著書ではないのではないか

といった疑問が、歴史的に呈されるようになりました。

『史記』には、孫武の伝記の後に、彼の子孫（おそらく曾孫）で戦国時代に活躍をした孫臏という将軍の伝記が置かれています。78頁で取り上げた「囲魏救趙」の故事など、こちらはかなり詳しい事績が記されていて、実在は確かだと見なされています。そして、孫臏の伝記の最後に以下のような記述があるのです。

「孫臏はこの戦い（馬陵の戦い）で名を天下に顕し、いまに至るまでその兵法が伝えられている」

ここまでを整理すると、ある時期までは

・『孫子』という書物が一冊と、孫武・孫臏という二人の孫子（子は先生の意味）

がいる
・内容からいえば春秋時代の著作物ではないと、疑えば疑える

このため、孫臏の残した兵法書こそ、現在伝わる『孫子』だと長らく考えられていました。ところが1972年、これが覆されます。同年に中国の山東省臨沂県の銀雀山で発見された漢代の墓から、現行の『孫子』とほぼ同じ内容を持つ『孫子』の一部と、それとは別に、おそらく孫臏が書いたらしい兵法が記された竹簡が発掘されたのです。つまり、
・現行の『孫子』と、新たに発見された『孫臏兵法』という二種類の兵法書、そして孫武・孫臏という二人の孫子
という形になったのです。これを以って、
・孫武=現行の『孫子』の著者
・孫臏=『孫臏兵法』(徳間書店。ちくま文庫などに全訳あり)の著者
という解釈が最も有力であると一般的に考えられるようになりました。この間の経緯は、岳南の『孫子兵法発掘物語』(岩波書店)に詳しく述べられています。ただし、『孫子』の著者はいまだに諸説あり、完全に決着がついたわけではありません。

マンガ
最高の戦略教科書
孫子

Chapter 3.

「部下」に負けない

漁夫の利をさらわれるのか、さらうのか

ねえ
新入社員研修の資料の件どうなってる？
BKA33
vol.56
特別付録
BKA33 桜庭ありな BIGポスター
すみません…まだできてません
えっ 研修はもう来週でしょ？
確認事項の返答がまだ渋谷課長から戻ってきていなくて…
――渋谷課長！
人事総務部長
椎名《しいな》 奈美恵《なみえ》（39）
ピクッ
！

来週の
新入社員研修の準備
滞ってるみたいですけど
大丈夫ですか？
資料も厳しいなら
私が代わりに
作成しますよ
………
ガタ
新入社員研修は
以前から私が
担当してるんですから
任せてください
人事総務部人事課長
渋谷《しぶや》 耕造《こうぞう》（42）
ちょ…
渋谷課長？
スッ
待ってくださ…！
まーた
逃げられた…

困りましたねぇ…
ん…
人事総務部
芦田《あしだ》 寛人《ひろと》(30)
はぁ…
ほんとよもう…
特命課営業中
渋谷耕造42歳
社員歴4年
公務員からの転身
バツイチ
履歴書
××年×月×日現在
(満44歳)
男・女
090-XXXX-XXXX
人事考課
社員番号
****0051
人事総務部人事課
役職
課長
項目
3〜4か月前までは真面目な人だったんですが…
そうね…
実直な人間が道を踏み外す時ってどんな時かしら?
うーん
何でしょう…
「お金」か「異性関係」?
それと「家庭の重圧」
だいたいこの3つね

でも渋谷さんは離婚して独り身だから「家庭」じゃない
「お金」も「女性関係」も違う気がする…
だとするとちょっと素行調査の必要がありそうね…
メゾン 阿部ヶ谷
翌朝 渋谷課長宅前
「彼を知り己を知れば百戦して殆《あや》うからず」
まず渋谷課長の普段の生活から原因を探すのよ
…と言われたものの…
こんなマネして大丈夫かしらわたし…
あきらかに不審者っっ
キャン キャン
いやいや！部下のために頑張るのよ奈美恵!!
ぶん ぶん
ガチャ
来た!!

メゾン
阿部ヶ谷
カシャ
AM 7:30
出勤
カシャ
AM 8:00
電車にて通勤
カシャ
AM 8:20
コンビニで雑誌を買う
カシャ
AM 10:30
勤務中
デスクワーク
カシャ!
PM 12:40　昼休憩
芦田くんにチケットらしき
ものをもらう
ふぅ…

SOUP
今のとこ異常なしっと…
ちゃんと撮れてるかしら…
しっかりやってるようね…
大丈夫ですって～！
部長より渋谷課長のほうが絶対仕事できますよ！
だろー!?
だいたい年下のくせに生意気なんだよな～～
ワハハ
……
渋谷課長に特別おかしな動きはありませんでしたが——…

うーーん…
本当にこの中に渋谷課長が変わった原因があるんでしょうか？
――…
ス…
椎名部長
あなたは人の裏を読むのが苦手なようね
え？
わたしの推理では渋谷課長の背後には黒幕がいる
そしてその正体は芦田が怪しい
!?
でも芦田くんは3か月前に中途で入ってきたばかりです
気弱なところもありますが仕事もよくやってくれてるようですけど――

「兵は詭道《きどう》なり」
「能なるもこれに不能を示し、要なるもこれに不要を示し、卑《ひ》にしてこれを驕《おご》らせ――」
！
なんですか？それ…
『孫子の兵法』よ
孫子
つまり「自分を弱く見せて油断させて勝つ」という戦術
実は今日食堂で芦田と渋谷課長の会話を聞いたの
絶対仕事できますよ！
芦田は渋谷課長をおだてて懐に入ろうとしている様子だったわ

そういえば歓迎会の時…年収が百万下がったってしょんぼりしてました
まさに「卑にしてこれを驕らせ」ね
私の調査によると芦田は大学を卒業して新卒で高額の教育教材営業
次に自己啓発セミナー営業
保険会社営業　不動産営業…
すべてでトップセールスだったようだけど
でもどこも3年ともたずに辞めている
有能なのに長くいられないのは何故かしら？
……
同僚に恨まれるような仕事の取り方をして会社に居づらくなるとか…？
そのとおり
4社とも人間関係の悪化で辞職したらしいの
！

自分より上の者同士で争うように仕向け混乱しているスキに自分がその座を奪う！
まさに彼は今「漁夫の利」を得ようとしているわけ
『孫子』にはこうもあるわ
「百戦百勝は善の善なるものに非《あら》ず戦わずして人の兵を屈するは善の善なるものなり」
これは戦わないで敵を屈服させることこそが最善の策だってこと
要は芦田はこれまでライバル同士を戦わせて自滅させ自分は戦わずに仕事をモノにしてきたようね
つまり黒幕《芦田》も『孫子の兵法』の使い手だったってわけ

相手は強敵ということ…？
そうね…
でも周囲から恨みをかってしまうぶん詰めは甘いのかもしれないわね
そしてもう一点
注目すべきは渋谷が買った雑誌
？
この写真の手元を見て
BKA33…
アイドル雑誌ですか？
私は中年がアイドル好きでも別にいいと思いますよ
お金の遣い方だって個人の自由だし
まぁそうね
でも注目すべきはそこじゃないの
今はアイドルを追いかけるにもSNSや掲示板で情報収集する時代
ネットを駆使してのリサーチに関してはやっぱり若い人のほうが強いわよね
！

芦田くんは渋谷課長がBKA33のファンだということを知ってアイドル情報をエサに渋谷課長の懐に潜り込んだ…
そして年下でしかも女の私が上司であることへの不満を煽って揉めごとを起こさせて…！
2人がつぶしあったタイミングですっとその上を登る——
まさにこれが彼の狙いよ
そんな…！
私…
人事を預かるところにいながら全然人を見られてませんでした…
でもこの先はどうしたら——？

こっちだって『孫子の兵法』使いとして負けられないわ…！
上兵《じょうへい》は謀《はかりごと》を伐《う》つ
その次は交わりを伐つ
「最高の戦い方は事前に敵の意図を見破ってこれを封じることである」
「次善の策は敵の同盟関係を分断して孤立させることである」
そして
必ず全《まった》きを以って天下に争う
相手を傷めつけず無傷のまま味方に引き入れたほうが後々自分のためにもなるということ
ごく…
この2つの兵法を活かしてあなたには2人を鎮《しず》めてもらうわ

翌日――
ガチャ
お疲れさまです
来た
何でしょう
お話って…
まずは火の元
――芦田の沈静化よ
悪いわね
急に呼び出して
芦田くんと
じっくり話したこと
なかったから…
どうぞ
もうウチに来て
3か月よね
仕事には慣れた？
はあ
まぁ…
ありがとう
ございます
COFFEE
BLACK
いろいろと
聞かせてくれる？
芦田くんのこと――
…そう
前の会社では
大変だったわね
――…
実はあなたに
伝えたいことが
あるんだけど

私と渋谷課長を争わせようとしてもあなたの望む結果《漁夫の利》は得られないわよ
――……
…何のことでしょう?
調べはついてるわ
あなたがこれまで周囲を争わせてのし上がってきたことも
孫子
そしてそのやり口は『孫子の兵法』を悪用したものだということもね…!
すべてお見通しなんですね…

わかりました
切れ者の上司もいることですし…しばらくは真面目に仕事に励みますよ
はぁ…
…今度はうまくいくと思ったんだけどなぁ…
ばーん!!
痛っ!
ぶ部長…?
裏でコソコソしなくたってあなたは充分上に行く素質を持っているわ
正々堂々勝負しなさい!

――ッ…
これからも
よろしく
お願いします――
BKA33
LIVE
&
SHOW
次は
今燃えているところ
…渋谷課長の火消しよ
どきどき
よしっ！
BKA33
渋谷課長！
BKA33
ビクッ
!?

ななんで
ここに…!?
芦田くんに
聞いてきたの
なんですか…
中年オヤジが
アイドル応援してるの
バカにしに来たんですか?
ううん
私も一度
見てみたいと
思って!
こんなに
たくさんの人たちを
熱狂させるワケを
知りたくてね!
いろいろ
教えてね!
ワァァァァァ

アアア
アア
おりりん神♡推し
…部長…
チャッ
……

わあああ
新入社員研修会
——というわけで

ライブ楽しかったー!!
ARINA SAKURABA
2人ともしっかり改心してくれて新入社員研修も無事終わりました!
七子さんの教えのおかげです!!
ほく
ほく
まぁ わたしというより『孫子』の教えだけどね
一件落着でなによりだわ
それにしても『孫子』って奥深いんですね
使い手によって兵法の捉え方が変わるなんて…
芦田くんもきっとかなりのやり手でしたよ
孫子
「兵は拙速《せっそく》を聞くもいまだ功の久しきを睹《み》ざるなり」

それは…？
「戦いには短期決戦が有効なことはあっても長期戦が有効だったことはない」ってこと
彼もあなた相手には粘っても勝てないと悟って身を引いたのね
ま
今回は私とあなたに分があったということかしら――…
七子さんの分もあるのよ～～！
今度一緒に行きましょー♡
ARINA SAKU RABA
すっかりハマったのね…

解説1

相手を誤解させ、準備の手を抜かせる

戦争の神髄は「詭道」にある

戦争とは、所詮、だましあいに過ぎない

兵は詭道《きどう》なり

【始計篇】

戦いのなかで、『孫子』は「情報」を特に重視しました。当たり前ですが、「正しい情報」がないと「正しい作戦」など立てようがありません。これは裏を返せば、相手に「間違った情報」を信じさせれば、こちらは勝利に大きく近づけることを意味します。その象徴が、ここでの言葉であり、

「戦争とは詭道、つまり相手に間違った認識を持たせることだ」

と言い切るのです。では、どう間違った認識を持たせるのか、その詳細は次頁図の通りですが、ここでのポイントは、

「こちらを大きく強く見せる」

という内容が一切入っていない点。もちろん、このやり方でも相手にバレない限りは大きな効果を発揮します。フィクションの『三国志』に登場する「空城の計」――本来手薄な状態の城に、敵の大軍が攻めよせてきたとき、諸葛孔明がわざと城門を開け放ち、余裕のある姿を見せて、相手に「罠だ」と思わせることで撤退させた計略など、その典型でしょう。でもこれは、バレたらおしまい。諸葛孔明が討ち取られて、物語も終わってしまうわけです。負けたらやり直しが利かないと考えていた『孫子』にとっては、自分を大きく見せるタイプの「詭道」はリスクが大きすぎて使えない形だったのです。

詭道とは（始計篇）

できるのに できないふりをする	能《のう》なるもこれに不能を示す
必要なのに不必要と見せかける	要なるもこれに不要を示す
遠ざかると見せかけて近づき、 近づくと見せかけて遠ざかる	近くともこれに遠きを示し、 遠くともこれに近きを示す
有利と思わせて誘い出す	利にしてこれを誘う
混乱させて突き崩す	乱にしてこれを取る
充実している敵には 退いて備えを固める	実にしてこれに備う
強力な敵に対しては 戦いを避ける	強にしてこれを避く
わざと挑発して消耗させる	怒《ど》にしてこれを撓《みだ》す
低姿勢に出て油断をさそう	卑《ひ》にしてこれを驕《おご》らす
休養十分な敵は奔命《ほんめい》に疲れさす	佚《いつ》にしてこれを労す
団結している敵は離間《りかん》をはかる	親《しん》にしてこれを離す
敵の手薄につけこむ	その無備《むび》を攻む
敵の意表をつく	その不意に出《い》ず

大まかに分類すると…

①臨機応変に動く

②こちらを小さく弱く見せる

③こちらの意図をトンチンカンに解釈させる

④敵をかき乱す

Chapter 3

解説2

漁夫の利をさらわれるのか、さらうのか

百戦百勝が最善ではないわけ

百回戦って百回勝ったとしても
それは最善の策とはいえない。
戦わないで敵を屈服させることこそが
最善の策なのだ

百戦百勝は善の善なるものに非《あら》ず。
戦わずして人の兵を屈するは
善の善なるものなり　【謀攻篇】

ライバルが多数いる状況において、絶対に陥ってはならないのが、「戦いによって勝ったとしても自分がボロボロになってしまい、第三者に漁夫の利をさらわれる」

という形でした。これは裏を返せば、次のようなことも意味します。

「ライバルが多数いる状況では、自分以外の二者が泥沼の戦いに陥ってくれる局面こそおいしい。なぜなら、自分が漁夫の利をさらう立場になれるからだ」

この観点からは、『孫子』のなかで一、二を争う有名な言葉の意味を解き明かすことができます。「百戦百勝」というといかにも素晴らしいように聞こえますが、なぜそれが最善ではないのか。百回勝っているうちに自分がボロボロになって、百一回目に第三者に漁夫の利をさらわれたら愚の骨頂だからです。ならば、自分はなるべく体力や経営資源をすり減らさない形で勢力を拡張し、他で泥沼の争いを演じている二者が疲れ切ったところを、平らげていくのが最善の策になるわけです。

ライバルが多数いる状況というのは、頭をかなり狡猾《こうかつ》に使わないと、生き残れない厳しい競争環境なのです。

漁夫の利を狙うべき状況、旗幟鮮明にすべき状況

孫子

…殺し合いのなかで「漁夫の利」を狙う状況

君主論

…殴り合いのなかでは、旗幟鮮明にしておかないと両者から受け入れてもらえなくなる

旗幟《きし》を鮮明にする態度は、中立を守ることなどよりも、つねに、はるかに有用である。なぜならば、あなたの近隣の有力者(ポテンテ)二人が殴り合いになって、その一方が勝ったとき、勝利者に対してあなたが恐れを抱く必要があるか、ないか、が問題になるから。二つの場合のいずれであっても、あなたは旗幟を鮮明にして、戦う態度を明らかにしておいたほうが、つねに、はるかに有利である。なぜならば、第一の場合においては、もしあなたが態度を明らかにしなければ、あなたは必ず勝ったほうの餌食となり、負けたほうはこれを喜んで溜飲を下げるだけであるから。そしてあなたには身を守る理由も、身を寄せる場所もなく、あなたを受け入れてくれる人もいなくなるから。なぜならば、勝ったほうには、逆境のなかで助けてくれなかった疑わしい味方など、要らないし、負けたほうには、武器を執って自分と運命を共にしたがらなかった、あなたのことなど、受け容れられるはずもないから

『君主論』マキアヴェッリ著、河島英昭訳、岩波文庫

解説3

ライバルを味方に引き入れれば、自分の「負け」はなくなる

味方にする、傘下に収める

相手を傷めつけず、無傷のまま味方にひきいれて、天下に覇をとなえる

必ず全《まった》きを以って天下に争う

【謀攻篇】

ライバルが多数いるうえに、負けたらやり直しの利かない過酷な環境を前提にした『孫子』は、なるべく戦わないことを戦略の大前提に置きました。漁夫の利を狙う第三者がウヨウヨいるところで、下手に戦いに逸《はや》ってしまえば、生き残りにくくなってしまうのは明らかだからです。

では、どうすればいいのか――そこで『孫子』では、直接の軍事活動の前に打つべき手として、敵対する勢力に対する政治・外交的な振る舞い方を考えます。

この振る舞い方は、ライバルが自分より強いのか、同じくらいの実力なのか、はたまた弱いのか、の三つによって分かれますが、相手が自分より弱かった場合、『孫子』の理想は「戦わずして人の兵を屈す」でしたので、このケースであれば当然、相手を味方にしたり、傘下に収めることが目指されるわけです。

歴史的にいえば、この端的な例が『三国志』の英雄・曹操《そうそう》でした。『三国志』のドラマは、黄巾《こうきん》の乱から始まりますが、他の英雄たちがひたすら黄巾軍を叩き続けるなかで、曹操は一人、黄巾の残党と和睦《わぼく》し、彼らを自分の配下に迎えるのです。軍事的な面で、曹操がこの時代、最大勢力を築くに至った大きな理由が、この「相手を味方につける」という決断にありました。

戦わずして勝つ

企業でいえば、孫正義氏

（孫子を）わかりやすくひとことでいうならば、負ける戦はしないこと。勝つべくして勝つ。勝つというのはギャンブルではないということです。科学であり、理詰めだ、と。“戦わずして勝つ”というのが兵法の真骨頂なんですよね。M&Aというのはまさにそれですよ

『インターネット財閥経営』滝田誠一郎著、実業之日本社

M&Aによって、既存の
ライバル勢力を味方にしてしまう

戦いでいえば、曹操

曹操の軍は、黄巾軍の残党である青洲《せいしゅう》兵を追撃して済北《せいほく》国へ入った。追い詰められた黄巾は和議を求めた。そして192年の冬、曹操は兵卒30余万、その他の男女100余万の降伏を受け入れ、そのなかから精鋭を選んで「青洲兵」と名付けた

『三国志』魏書

黄巾の残党を味方に編入、
これが軍事的な飛躍につながる

Chapter 3

解説4

相手にしなければ、漁夫の利をさらう可能性が生まれる

敵の戦うエネルギーをかわし、摘み取る

最高の戦い方は、事前に敵の意図を見破ってこれを封じることである。次善の策は、敵の同盟関係を分断して孤立させることである

上兵《じょうへい》は謀《はかりごと》を伐《う》つ。その次は交わりを伐つ

【謀攻篇】

もしライバルが、自分と同じような力を持っていたなら、政治・外交戦略はどうするべきなのか——この問題について考察していると読み取れるのが、この一節です。平たくいえば、次のように読むことができます。

「力が同じなら、ライバルの戦うエネルギーを小さいうちに摘み取るか、うまくかわしてやりなさい」

いくらライバルがこちらに戦うエネルギーを向けてきても、それをかわし続ければ、やがてそのエネルギーは自分以外の第三国に向けられる可能性が出てくるわけです。こうなればライバルが多数いるなかでは一番おいしい、

「自分以外の二者が泥沼の戦いに陥ってくれる」

という状況が実現できると考えた、と深読みもできる部分になります。

何とも皮肉なことですが、『孫子』の著者孫武のいた呉は、自らが漁夫の利をさらわれる立場になって、滅んでしまった歴史的な経緯があります。呉の不倶戴天の敵は、隣国の越でしたが、その越に勝利したさい、越王勾践《こうせん》の「呉に臣従して、以後逆らいません」という言葉を信じ込んでしまうのです。そして晋や斉といった別の大国との争いに明け暮れ、国力を消耗、そこを復讐に燃える越に狙われ、滅亡しました。このときの孫武の動向は、残念ながらわかってはいません。

解説5

短期間で勝てる相手とだけ戦う

短期決戦

短期決戦に出て成功した例は聞いても、長期戦にもちこんで成功した例は聞かない

兵は拙速《せっそく》を聞くも、
いまだ功の久しきを睹《み》ざるなり

【作戦篇】

現代では、「拙速」は「少々準備不足でも、チャンスと見たら素早く行動する」といった意味で使われています。しかし、『孫子』のもとの使い方はまったく違っていました。こちらの意味は、あくまで「短期決戦」。「拙」とは、「早く切り上げ過ぎてしまったかも」と思うくらい戦いを早く終わらせておけ、という強調なのです。

『孫子』はライバル多数を前提としていますから、これは当たり前の原則のように思えますが、話はそう単純ではありません。戦いというのは、相手があってのものである以上、いくら自分だけが早めに戦いを終わらせたいと思っても、相手が「勝ち逃げは許さない」と思っていると、そう簡単に終結などできないからです。

ではこの言葉は何がいいたいのか、といいますと、こうです。

「確実に短期で勝てる相手にしか軍事行動はおこさない。そうでないと国を滅ぼす」

これをビジネスでたとえると、こんな感じでしょうか。自分の会社が、目先の利益が欲しくて一時的な値引きに踏み切ったところ、業界中が追随して、値引き合戦となってしまった。もう利益が出せないラインまで値引きが進み、あわてて「値引き終結宣言」を出すが、ライバル企業はまったく相手にせず、結局自社は倒産……。

終結のコントロールができない戦いの口火を安易に切ることは、自らを滅ぼすもとでしかないのです。

column 3

『孫子』の構成について

『孫子』は全13篇で構成されています。その大きな流れは以下の通りです。

①戦うか否かをきめる——始計篇第一

「戦争は、人の生死、国の存亡がかかる重大事だ。だからこそ、戦うか否かを慎重に決め、情勢に臨機応変に対処しなければならない」

②政治、外交、戦争における基本方針——作戦篇第二、謀攻篇第三

「戦争に勝っても、その後の政治や外交で負けるようでは戦う意味がない。どんな戦い方をすれば国益に適うかをよくよく考えなければならないのだ」

③戦いをどう設計するのか——軍形篇第四、兵勢篇第五

「戦いには、勝つために知っておかなくてはならない基本図式がある。それが『不敗』『奇正』『勢い』だ」

④いかに有利な態勢を築き、敵を撃破するか——虚実篇第六、軍争篇第七

「勝利するためには、まず敵よりも有利な態勢を築かなければならない。さらに、決め技によって勝利を決定付けなければならない」

⑤敵と己、環境を知るものは勝つ——九変篇第八、行軍篇第九、地形篇第十、九地篇第十一

「敵の状態と自分の部下たちの状態、さらには地形や天候を把握し、うまく利用する者こそ勝利できるのだ」

⑥戦いの目的と情報の価値——火攻篇第十二、用間篇第十三

「戦争の目的は、国益にあり、勝利自体にあるわけではない。また、戦いの帰趨を決める情報入手を疎かにしてはならない」

この『孫子』のテキストの原型は、春秋戦国時代にできたあと、その内容の素晴らしさから、あっという間に中国全土に広がっていきました。しかしその間、新たな内容が加わったりなどして、いろいろなテキストが流布するようになったのです。

それを一つにまとめ、再編纂したのが『三国志』の英雄・曹操でした。つまり、いまわれわれが通常目にする『孫子』のテキストは、曹操の再編纂版なのです。

『孫子』の後半部分には、特に地形に関する記述が錯綜している個所があります。また、12篇目の火攻篇で全編の結論を述べた後、なぜかスパイの活用が13篇目の用間篇で述べられています。こうした混乱は、おそらく伝承と再編纂時の混乱からきたのだと推測されるのです。

実際、コラム2でご紹介した銀雀山漢墓から出土した『孫子』は、12篇目が用間、13篇目が火攻になっていました。篇の並びが、歴史的に伝承されていくなかで入れ替わった可能性があるわけです。

マンガ
最高の戦略教科書
孫子

Chapter 4.

「取引先」に負けない

勝てなくても、不敗でいることは可能だ

進捗会議。
Amio
今回も期日の3日前には納品できそうです
引き続きスケジュール管理をシビアにお願いします
システム開発部
PM(プロジェクトマネージャー)
出川《でがわ》 史織《しおり》(35)
お疲れ様ー
例の件よろしくね
先輩
今回のプロジェクトも完璧なマネジメントですね さすがです!
ありがとう
みんなの協力のおかげよ

マネジメントの秘訣は何ですか？
んー そうね…
トラブルを起こしそうな相手にはなるべく近付かないことかな
なるほど〜
出川くん ちょっといいかな？
会議室B
部長 お話というのは…？
実は八鉢《はちはち》物産さんがECサイトをリニューアルするそうなんだが
そのシステム構築を君のチームでなんとかお願いできないかな？
納期は来月末で
えっ…!?

そんな短納期の案件無理ですよ！
ただでさえうちのチームは現在フル稼動状態なんです！
とは言っても今期の売上目標がまだまだでね…
大きな金額の見込める八鉢物産の案件は断れないんだよ
八鉢物産とは過去に何度もトラブってます！
納品後の改修も多くて…もう何人も精神的にまいってるんです
いくら金額がいいからってあそこだけは…
だからといって目標未達ってわけにはいかないだろう
会社としても赤字は出せないんだ
部の存亡もかかっていると思ってくれ
……ッ……

特命課営業中！
はぁ…
私はこの案件請けるべきじゃないと思うんです…
ん―…気持ちはわかるけど業務命令には逆らえないのが会社員のツライところね
個人的な判断を持ち出すのは難しいものね
……
今期の売上未達だって私のせいじゃないのに…
よりによってあの要注意顧客からの仕事なんて――
3年前――

PMになったばかりの私は1件でも実績を増やしたくて
利益率の高い八鉢物産の社内会議システムの案件を請けたのだけど――…
ちょっと待ってください！
ガタッ
この短納期でその仕様は無理です！
大丈夫大丈夫！
今回は最低限のシステムでいいからさ
八鉢物産
マーケティング部課長
西島《にしじま》 昇《のぼる》（38）
キミならできる！
ぱんぱん！
フォローはしっかりするからさ♪
その言葉を真に受けて引き受けたのが運のツキ…

1か月後
今回の納期までには最低限動く簡易システムでいいって言いましたよね？
そんな約束した覚えないなー
どういうことですか⁉
フォローするって言ったじゃないですか…
いやいや…契約書にある「システム」って完全版のシステムのことだよ
そんな…！
はぁ…
契約不履行だ
これじゃ料金は払えないな
!!

困ります!!
それはこっちのセリフだっつーの
――その後も何度か八鉢物産の案件は他のチームで請けたんですが
そのたびにチームのメンバーがボロボロになるのを見ているので――…
それもいつも決まってあの西島が担当なんです
はあああああ…
今回もそのクセ者の彼が担当窓口ってわけね
3年前のトラブルがきっかけで準備に力を入れるようにはなりました
バサッ
契約書
細かく仕様を記述した契約書とその工程表です

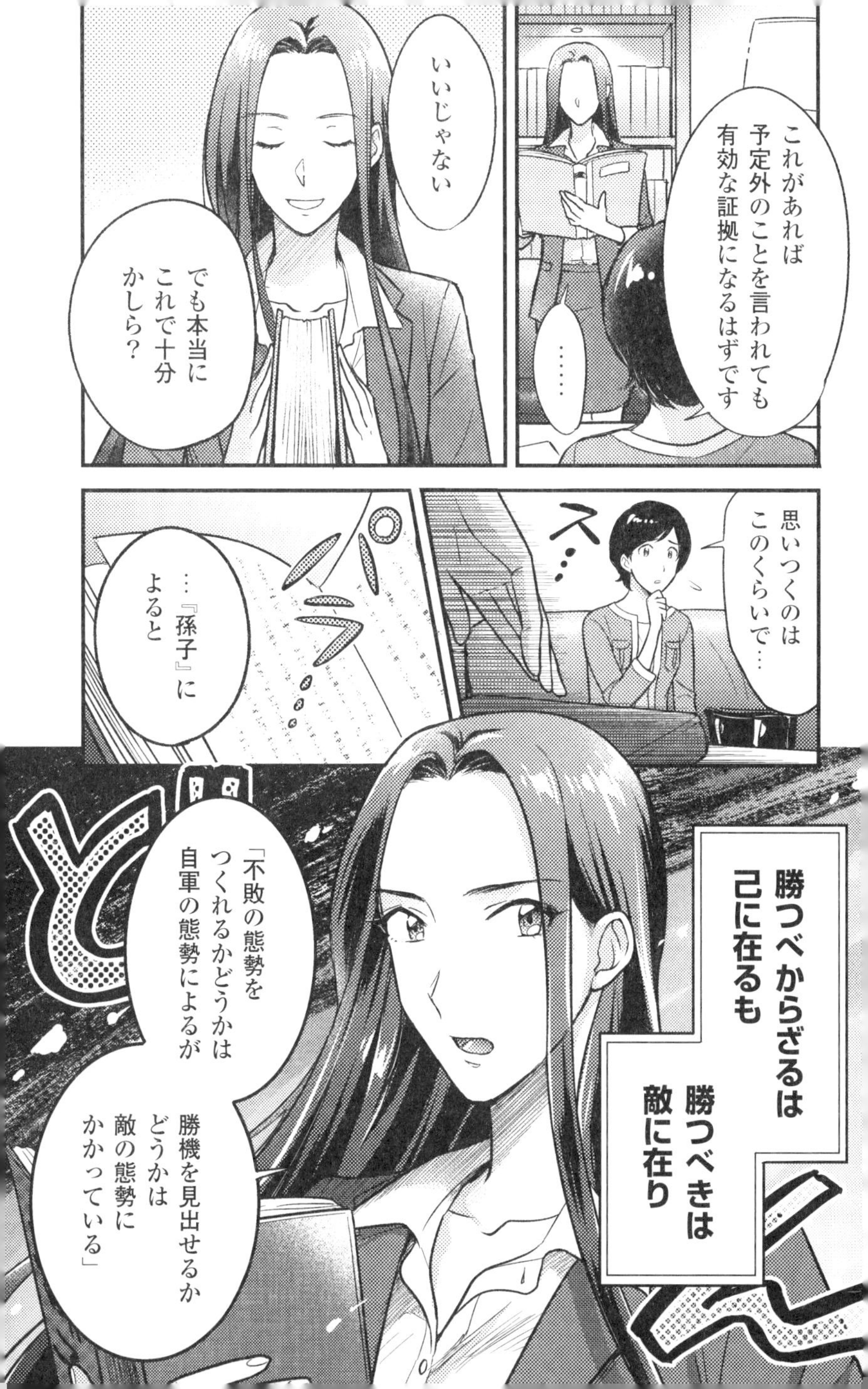

これがあれば
予定外のことを言われても
有効な証拠になるはずです
……
いいじゃない
でも本当に
これで十分
かしら？
思いつくのは
このくらいで…
ス…
パラ…
…『孫子』に
よると
勝つべからざるは
己に在るも
勝つべきは
敵に在り
「不敗の態勢を
つくれるかどうかは
自軍の態勢によるが
勝機を見出せるか
どうかは
敵の態勢に
かかっている」

つまり自分の防御策だけじゃなく
敵の態勢をよく知りどう対処するかを考えておく…ということですね
そう！理解が早いじゃない
スッ
まず敵の人となりを見極めそこから隙を探すのよ
そして防御策としてこれを有効に使いましょう
携帯電話…ですか？
契約において重要なのは何より「証拠」
88BLDG.
(株)八鉢物産
……
相手の非を暴く確実な証拠を握ることが自軍の防衛になるのよ

いやー
お待たせ
お待たせ！
ひさしぶりだね
ビクッ
！
さっ
いえ
どうも…！
ピッ
まぁ今回も
簡易システムで
いいからさ
急なハナシでごめんね～
ちゃちゃちゃっと
作っちゃってよ
ボイスメモ
録音中
00:02:15
じゃ
そういうことで
よろしくね
引き続き
よろしく
お願いします

次はよく観察して攻め込む隙を探すのよ
……
部長室
部長 これ妻の実家から送ってきたものです
いつも悪いなぁ
いえいえ 今回の査定ではひとつよろしくお願いします
君は・・・・コスト削減がうまいからね
今後とも期待してるよ
いや〜
出世のために上司に媚びる
契約不履行にする目的はこれだったのね…！

マーケティング部
キミねー よくこの状態で書類持ってこれるね
こんなんでOK出ると思ってるから婚期が遅れるんだよ
俺の言ってることわかる?
──っ…
セクハラパワハラの常習犯
ひどいわね…
西島のやつムカつくなぁ…
ちょっとすみません
システムを受注するにあたって現場の声を集めてるんです
よろしければお話聞かせてもらえませんか?

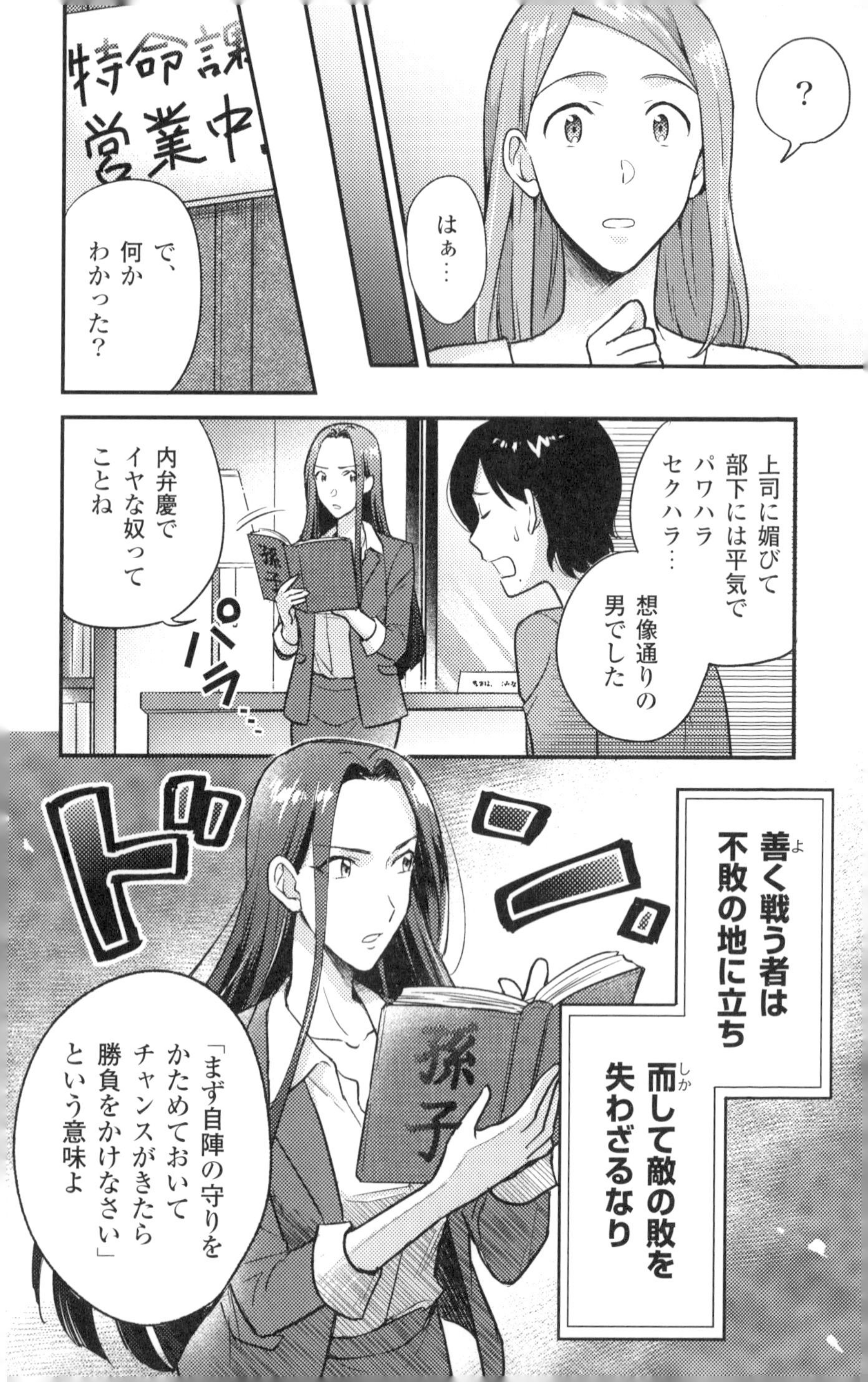
？
はぁ…
特命課
営業中
で、何かわかった？
上司に媚びて部下には平気でパワハラセクハラ…
想像通りの男でした
内弁慶でイヤな奴ってことね
パラ
孫子
ドー
善《よ》く戦う者は不敗の地に立ち
而《しか》して敵の敗を失わざるなり
「まず自陣の守りをかためておいてチャンスがきたら勝負をかけなさい」という意味よ
孫子

——となると
あとはチャンスの見極めかぁ…
RRRR
>>CALL>>
八鉢物産 佐藤さん
八鉢物産の例の女性社員からです！
ピッ
先日はどうも…
えっ
西島さんが明後日ゴルフへ行くために有給休暇を取る？
そうなんです
マーク
西島はそういう日の前日は決まって心ここにあらずの状態になるんです
あの…こんな情報でもいいんですか？
もちろん！
貴重な情報ありがとう助かります！

ピッ
八鉢物産 佐藤
通話終了
天を知りて
地を知れば勝ち
乃《すなわ》ち窮《きわ》まらず
機が巡ってきたようね
コク
動くなら明日…ですね
翌日
Amio
録音したデータをもとに動かぬ証拠をつくるのよ
契約書
録音データ 1件
カチッ
契約書ドラフト

まぁ今回も簡易システムでいいからさ
ちゃちゃっと作っちゃってよ
×日までに簡易システムを納品する。」
カタカタ
カタカタ…
尚、公正を期すために、甲と乙のやり取りの
録音して残すものとする。
送信
カタッ
ふう…
オンラインストア
ゴルフ用品
ピロン
新着メール１件
(株)Amio　出川史織
【契約書ドラフト】
カートを見る
期間限定
む？

契約書？…アミオの出川からか
ひとの至福の時間を…
部長もCCに入っている…
To：西島昇〈nishijim
Cc：東野部長〈higas
件名：契約書ドラフト
ちょっと キミ
その契約書綴じて社判もらっておいて
あ、はい
ウィーン
♪
契約書
Amio
1か月後
…バタバタ

ガラッ!!
おい
ズカ ズカ
いったいどういう仕事のしかたをしてるんだ!
小会議室
今回の納期までには最低限動く簡易システムでいいと仰いましたよね
そんな約束した覚えはない!
契約書には「システム」と書いてあるだろう!? あれは完全版のシステムのことだ!

そんなことも
わからないのか!?
これじゃ
報酬は払えんな!
はぁ…
…3年前と
変わりませんね
何!?
ずいっ
いいですか
よく見てください
契約書は以前と
全く一緒では
ありません
支障を来すことのな
に簡易システムを
!?
そんなバカな…
どういうことだ!?
ピッ
まぁ今回も
簡易システムで
いいからさ
»ボイスメモ
西島課長 証言
再生
13:22
先日のあなたの
発言をもとに
修正させて
いただきました

くっ…
女のくせに生意気な…
録音するなんて卑怯じゃないか!
「両社の公正を期すためにやり取りを録音する」
これもきちんと契約書の中に書いてあります
お…俺はそんな契約しらんぞ!!
それは西島さんが確認を怠ったからじゃないですか?
契約書ドラフト
進捗に関しても毎日メールで東野部長に共有させてもらってますから
ギリッ
バサッ
!
…ハメやがったな…
お前の目的は何だ!?
そうですね…

まず簡易版の報酬のお支払いと
問題がなければ後日完全版を納品するという契約を再度結んでください
そしてあなたの・・・コスト削減法の実態を上に報告しないかわりに
うちの社員に汚い手を使うのは金輪際やめてください
……ッ
それをのめばいいのか…
ええ…
スッ
仕事に罪はありませんから!

――っ
ぐぐっ
くそっ…！
……
窮寇《きゅうこう》には迫ることなかれ
自ら郷間《きょうかん》を用いたうえに
窮地に追い込んだ敵に
あえて攻撃をしかけない
私が直接
教えていない
戦法も使うとは…
へ。
少しは『孫子』が
浸透してきたの
かしらね

解説1

勝てなくても、不敗でいることは可能だ

不敗

不敗の態勢をつくれるかどうかは自軍の努力次第によるが、
勝機を見い出せるかどうかは敵の態勢いかんにかかっている
戦上手は、自軍を絶対不敗の体制におき、
しかも敵の隙は逃さずとらえるのだ

勝つべからざるは己に在るも、勝つべきは敵にあり 【軍形篇】

善《よ》く戦う者は不敗の地に立ち、而《しか》して敵の敗を失わざるなり 【軍形篇】

戦うにあたっての基本原則の一つが「不敗の活用」。これは、ビジネスでたとえると以下のような感じになります。

たとえば、ライバル企業同士が、あるジャンルにおいて一対一のシェア争いを演じているとします。このとき互いの経営資源や、社員のやる気、技術力や戦略に差がなければ、だいたいにおいてシェアは五分五分、ちょっと勝ったりちょっと負けたりが続くでしょう。『孫子』はこれを「不敗」、つまり勝ってもいないけれども、負けていない状態と呼びます。確かにこの状況、敵を負かしていませんが、敵に負かされたわけでもありません。

そして、この状況は、自分の努力次第で維持・構築できると『孫子』は考えました。確かに、ライバルがどんなに努力し、手を打ってきても、同じくらい努力し、対抗策を打ち返していけば、この状態は維持できるはずです。

ところがあるとき、ライバル会社が不祥事を起こして、マスコミから袋叩きにあったら――これはチャンス到来、あわよくばライバルを蹴落とすことも可能になってきます。つまり「勝てるかどうかは敵次第」なのです。

このような観点からいえば、戦いにおいては、まず自分の努力次第で維持・構築できる「不敗」を築いておくことが何より重要なのです。ここさえ押さえておけば、敵次第で勝利に持ち込めますし、最悪でも負けないでいられるからです。

「勝ち」「不敗」「負け」

戦いに関する通常の考え方

勝ち		負け
・勝ち組 ・黒字企業 ・大ヒット本の著者	←…→	・負け組 ・赤字企業 ・売れない本ばかりの著者

という「**二分法**」

『孫子』の考え方

勝ち		不敗 勝っても負けてもいない		負け
・勝ち組 ・高収益企業 ・大ヒット本の著者	←…→	・負けていない組 ・ぎりぎり赤字ではない企業 ・まだ次の本も出せる著者	←…→	・負け組 ・赤字企業 ・売れなくて次が出せない著者

という「**三分法**」

Chapter 4

解説2

戦う環境を知り尽くしておく

熟知した環境

天の時と地の利を知るならば、常に勝利はものにできる

天を知りて地を知れば、勝、すなわち窮《きわ》まらず

【地形篇】

『孫子』には42頁でご紹介した「彼を知り、己を知れば、百戦して殆うからず」という有名な言葉がありますが、もう一つこれとよく似た次の言葉もあります。

・敵を知り、己を知るならば、常に不敗である。天の時と地の利を知るならば、常に勝利はものにできる（彼を知り、己を知れば、勝、すなわち殆うからず。天を知り地を知れば、勝、すなわち窮まらず）地形篇

こちらでは、「ライバル」と「自分」に加えて、次の二つに言及しています。

「天の時」――これは気象などの条件とともに、物事をなすタイミングの意味

「地の利」――地形などの環境条件

歴史的にいえば、この二つの要素を味方につけて勝利したいい例があります。それが秦王朝が崩壊した後の、項羽と劉邦の覇権争い。項羽は戦の天才で連戦連勝、一方の劉邦は戦下手で負けてばかり。しかし最終的には劉邦が勝利を収めます。

この理由の一つが、劉邦側は秦王朝の行政文書を摂取していて、全土の地理や物資の集積情報を知り得ていたこと。一方の項羽は、戦は上手くとも、そうした情報がないために補給がままならず消耗していく一方。そして完全にすり減ったというタイミングで、劉邦にとどめを刺されてしまったのです。

地形の詳細な分析と、その対処法の例（地形篇）

地形を大別すると「通《つう》」「挂《けい》」「支《し》」「隘《あい》」「険《けん》」「遠《えん》」の6種類がある。

通
味方からも、敵からもともに進攻することのできる四方に通じている地形をいう。ここでは、先に南向きの高地を占拠し、補給線を確保すれば、有利に戦うことができる。

挂
進攻するのは容易であるが、撤退するのが困難な地形をいう。ここでは、敵が守りを固めていないときに出撃すれば勝利を収めることができるが、守りを固めていれば、出撃しても勝利は望めず、しかも撤退困難なので、苦難を免れない。

支
味方にとっても敵にとっても、進攻すれば不利になる地形をいう。ここでは、敵の誘いに乗って出撃してはならない。いったん退却し、敵を誘い出してから反撃すれば、有利に戦うことができる。

隘
すなわち入り口のくびれた地形では、こちらが先に占拠したなら、入り口を固めて敵を迎え撃てばよい。もし敵が先に占拠して入り口を固めていたら、相手にしてはならない。敵に先をこされても、入り口を固めていなかったら、攻撃をしかけることだ。

険
すなわち険阻な地形では、こちらが先に占拠したら、必ず南向きの高地に布陣して、敵を持つことだ。敵に先をこされたら、進攻を中止して撤退した方がよい。

遠
すなわち本国から遠く離れた場所では、彼我の勢力が均衡している場合、戦いをしかけてはならない。そこでは、戦っても不利な戦いを余儀なくされる。

解説3

どうやって勢いに乗るか

勢いの乗り方

敵を包囲したら必ず逃げ道を開けておき、窮地に追い込んだ敵に攻撃を仕掛けてはならない

囲《い》師《し》には必ず闕《か》き、窮寇《きゅうこう》には迫ることなかれ

【軍争篇】

人や組織には、いわばエネルギーがあると『孫子』は考えていました。これを人の場合は「気」、組織の場合は「勢い」と呼びます。

当たり前ですが、人でいえば「士気が高い」、軍隊でいえば「勢いに乗っている」という方が、明らかに力を発揮できるわけです。では、どうしたらこうしたエネルギーを高めることができるのか。このための手段が、『孫子』にとっては「部下を絶体絶命の窮地に追い落とすこと」に他なりませんでした。

・絶体絶命の窮地に追い込み、死地に突入してこそ、はじめて活路が開ける。兵士というのは、危険な状態におかれてこそ、はじめて死力をつくして戦うものだ（これを亡地に投じて然る後に存し、これを死地に陥れて然る後に生く。それ衆は害に陥れて、然る後によく勝敗をなす）九地篇

確かに「火事場の馬鹿力」や「窮鼠猫を嚙む」という言葉もありますが、絶体絶命の窮地になると人も組織もとんでもない力を発揮したりします。こうした力をライバルにうまくぶつければ勝てると『孫子』は考えたのです。そしてこれは逆もまたしかり。敵の方がもし絶体絶命の窮地になってしまえば、敵の方が逆に勢いに乗ってしまいかねません。だからこそ、追いつめた敵には直接的に攻撃するな、というのです。

二つの「勢い」の乗り方

危機感ベース

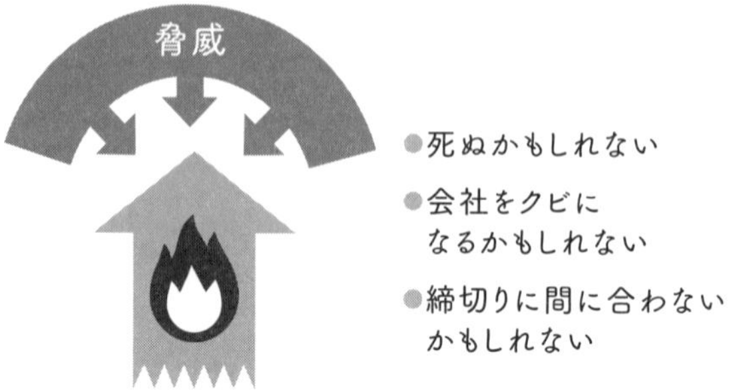

火事場のバカ力＝勢いのもと

プラスのフィードバックベース

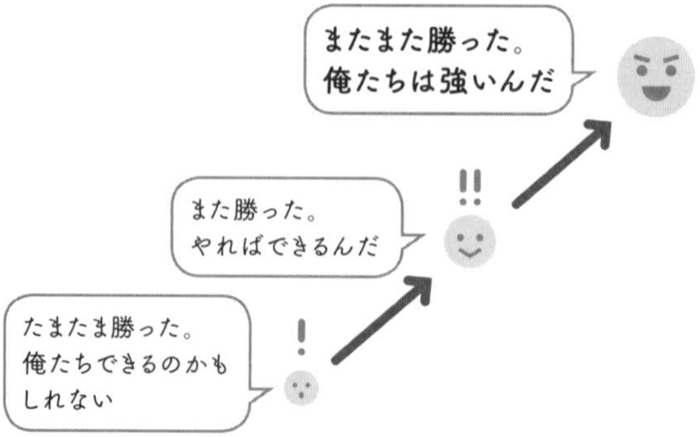

Amio
特命課
評判は聞いています
随分と貢献してもらってるようですね
……
私が伝えたことはこの教えの中のほんのわずか——……
孫子

『孫子』にはたくさんの役立つ考え方が収められている
彼を知り己を知れば百戦して殆うからず
!
いっしょに
居ご協力
ただけませんか？
呉越同舟
でもそれを実際のケースに当てはめて活用するのは難しい
正々堂々勝負しなさい！
兵は詭道なり
私はその橋渡しをしているだけに過ぎないわ
仕事に罪
ありませ
勝つべからざるは己に在るも勝つべきは敵にあり

女性が会社で輝く時代なんていわれて久しいけど…
現実はどうかしら
女のビジネス人生は「不敗を守る」ことよ
そして会社が生き残るのに必要なのは
ライバルや自分そして環境を徹底的に知り尽くし「戦わずして勝つ」こと
スッ
…そこで正しく『孫子』の戦略を用いれば
どんな状況でも生き残ることができる

ギィ.
今日も悩める
お客が来たようね
パシ…
いらっしゃい
あなたの
お困りの
ことは何?
孫子
孫子

著者

守屋淳

Atsushi Moriya

中国古典研究家。1965年、東京都生まれ。
早稲田大学第一文学部卒。大手書店勤務を経て、現在は中国古典、主に『孫子』『論語』『老子』『荘子』『三国志』などの知恵を現代にどのように活かすかをテーマとした、執筆や企業での研修・講演を行う。著書に、『最高の戦略教科書　孫子』『nbb　孫子・戦略・クラウゼヴィッツ』『現代語訳　論語と算盤』など多数。

作画

anco

漫画家、イラストレーター。デザイン専門学校在学中より作家活動を始め、企業広告やビジネスコミックを中心に、漫画・イラストの制作を行う。作画を担当したおもなビジネスコミックに『コミック版はじめての課長の教科書』（KADOKAWA）『マンガでざっくり学ぶプログラミング』（マイナビ出版）がある。

シナリオ

星野卓也

Takuya Hoshino

脚本家。日本経済大学経営学部准教授。日本大学芸術学部卒業後、「ウルトラマン」シリーズの脚本でシナリオライターデビュー。テレビドラマ執筆の傍ら、番組構成を担当したテレビショッピングで、担当商品を30分で話題に。その後、エイベックス・グループホールディングス映像制作部門にて、映画の企画開発、テレビドラマをプロデュース。マーケティング部門にて、アーティスト・マーケティング、ソーシャルメディア・マーケティングを担当。独立後、コンサルタントとして「企業のブランディング」及び「コンセプトデザイン」「商品開発」などを手掛け、現職。

マンガ
最高の戦略教科書
孫子

2019年4月24日　1版1刷

著者……守屋淳
シナリオ……星野卓也
作画……anco
マンガ制作……トレンド・プロ
発行者……金子豊
発行所……日本経済新聞出版社
〒100-8066　東京都千代田区大手町1-3-7
電話　(03)3270-0251(代)
https://www.nikkeibook.com/

印刷・製本……三松堂
ブックデザイン……新井大輔
本文DTP……中島里夏(装幀新井)

ISBN978-4-532-17657-0
Printed in Japan